居服員，來了！

我來幫你填補這個家的照護空白

居家照顧服務員 雲杜 著

本書收錄的內容，其中人物背景皆有改寫，如有雷同，純屬巧合。

前言

居服員的一天與服務內容

通常，我的一天是這樣開始的。

先確認班表時間無誤，提早十五到二十分鐘騎車出門，如果案家在工業區或大醫院等主要幹道附近，則提早半小時，因為幾乎每次都會在這附近遇到車禍。

居服員若以一天跑四到五班的情況計算，大約需騎車來回七、八趟。若接的班更多，則轉班（從A案家到B案家的轉班費用名稱）次數越高，我們在路途中遇到的情況也越多。

我從剛開始看到車禍會怕，到現在已經可以很淡定的說：「年輕人不要命啊。腳斷了，辛苦的不只是你自己還有你爸媽啊！」以及「爺爺你騎車不打方向燈就算了，至少轉彎前看一下前後左右，受傷後苦的可是你自己，復健的痛可是連年輕人都得咬牙忍耐才撐得過去啊！」

我很有資格這麼說，因為實在遇到太多因車禍導致生活起居陷入困境，不得不請居服員來協助的各類案家。

跟他們比較熟之後，身障個案們第一句說總是：「騎車要小心啊。不然就會像我一樣，沒辦法工作只能領身障救助……」

平安抵達案家附近後，則是一定要將機車停在不會被拖吊的地方。

看到這裡，你一定會覺得我在說廢話吧。不停白線難道要停紅線？笑噣。

各位同學（在人生這條長路上，我相信我們都是同班同學，才會生在同一年代），您有所不知啊！

居服員有時為了不要遲到，能提前打卡（尤其是下雨天，那個路況和車況之塞啊，真是一想到就嘆氣，再加上穿脫雨衣的時間（轉班幾趟就得穿脫幾次），有時真的趕不及，就會迫不得已地將車子停在黃線等之類的地方。

心中抱持著今天應該不會那麼衰（一定會這麼衰——事主本人就是我）的僥倖想法，停了就打卡上班。下班後就等著叫計程車去拖吊場吧。切勿以身試法。

所以，下雨天提早三十分鐘出門，繞一下，找停車位，絕對是必須的時間。如果真的不幸遲到，那就遲到吧。好好和個案道歉，也和督導回報，畢竟，騎車安全才是最重要的。

啊！您說您家門口前院有空位可停是嗎？那我在此厚顏地代表居服員們，大大地感謝您。找停車位絕對是居服員除了穿脫雨衣之外，第三辛苦的事情了。

同學您問第一和第二是什麼？

請繼續看下去。

停好機車，提早打卡，無論爺爺奶奶有沒有留門（某些輕微失智的個案會先將門打開，留個小縫），我都會敲敲門，然後在門外說我是某某居服員，爺爺奶奶早啊（午安或晚安都行，但通常我只說早安，這樣就能讓下午服務的爺爺奶奶或家屬有機會吐槽我，這是很棒的互動，知道嘛！但不能太常用就是了）。

接下來，便是進場進行服務。

進入個案家，通常第一句我會問爺爺奶奶：「吃飽了嗎？」

「吃飽了。」若失智程度不嚴重，爺爺奶奶通常以此標準回答。

然後，我繼續問：「中午吃了什麼？」

此時，各位同學或許會覺得怎麼都問這種老套的問題。

其實啊，這種老套的問題，正是居服員用來評估爺爺奶奶們今天的身心狀況如何的標準之一。

記不記得中午或早上吃了什麼，有哪些菜，有沒有湯？飯後吃藥或水果了嗎？這些回答都能反映出短期記憶力的功能如何。

輕微失智的個案通常都能回答得很好，至少有八成。

個性比較好強，學習力高的個案，知道我每次來都會問這些問題後，都會試著去記住今天吃了什麼，回答得越來越流利，我很捧場地拍拍手後，爺爺奶奶們露出洋洋得意的表情，非常可愛。同時這也是很好的腦部訓練。

倘若每次都能回答八成左右的爺爺奶奶，今天卻只有五成，甚至連說都不想說，還發脾氣罵你問那麼多做啥。我就會看一下藥盒，確認一下個案有沒有吃藥，忘記吃的話改看一下時間，距離下次吃藥時間太近就會裝作不知道，然後請督導告知家屬提醒爺爺奶奶吃藥，反之則會裝一杯溫水，提醒爺爺奶奶吃藥，然後不著痕跡地換話題。

再度重申，居服員是來服務不是來打擊個案的自信心的。只要是人，總有狀態不好的時候。別說罹患失智症的爺爺奶奶，一般人有時也會提不起勁，不想說話，只想休息。這時候我就會安靜下來，默默地做該做的事情，或是牽著爺爺奶奶繼續散步。

然後，觀察並等待。安靜也很好。人與人相處並非一味地炒氣氛。爺爺奶奶想聊，自然就會開口了。

若是有長達一週的時間爺爺奶奶的話變少了，或短期記憶力明顯減退，我便會回報給督導，再由督導回報給家屬。或許爺爺奶奶有心事，需要家人的關心，也有可能失智的情況變嚴重，需就醫讓醫生重新評估並調整用藥。

在一般人的眼中，這樣做或許有些雞婆，但這是很重要的事情。

我的前輩同事就曾遇過服務的爺爺原本很愛聊天，看到同事去他家也都很開心。從某天開始，突然什麼話都不說了，每次進場服務都擺一張臭臉。

告知家屬後，家屬當然也察覺了，於是一起觀察爺爺，以便協助他。後來才得知爺爺被詐騙，不敢說，又擔心又害怕又覺得丟臉，事情曝光後一直說詐騙他的人很可憐，家屬聽到後當場怒吼：「我他媽才是最可憐的人。」

總之，我們也只能勸家屬多陪陪老人家或是安排參加社交活動，社區志工、日照中心都很好。

被騙，有部分原因是太寂寞了。和家人以及社會連結不深，所以無法在平日聽到周圍親友的新知和社會動態，遇到事情時也沒有習慣及時詢問（也是有太習慣自己決定所有事情，個性偏執，從未與他人討論事情的人）之故。

拓展長輩的社交範圍，能增加他們的歸屬感和社會參與度，發生事情也有值得信賴的朋友可以商量，晚餐時間也有新話題，而非一直膠著在孩子的婚姻、孫子的教養、自身的過去和不可逆的身體衰老。

只有一種狀況我會主動再問些什麼，那就是個案看起來明顯的恍惚、頭重腳輕，或者頭低低的抬不起來，開始流口水。

因為這很有可能是感冒、發燒、急性中風、喉嚨卡痰、疫情期間的話就會再增加一個確診的可能。

此時，經過爺爺奶奶的同意後，我會先將個案的異狀回報督導，接著拿出個案家的體溫計、血壓計，測量爺爺奶奶的生命跡象，再回報督導，看是否有需要打電話給家屬先將個案送醫就診。

接下來，我將介紹幾項居服員最常從事的服務項目。

協助個案沐浴及洗頭

如果今天進場服務的爺爺奶奶有好幾個項目，其中有協助沐浴和洗頭，經個案同意，通常我都會先帶他們去洗澡，因為此項目最難拿捏時間。

不僅僅是每個人的洗澡習慣不一樣，就算服務這位個案已經一年多了，每次洗澡的步驟都相同，他也是有可能忽然在今天洗澡時跟你說：「你沒洗乾淨。」

你說，這怎麼可能？我每次洗澡的步驟都一樣啊。

是啊！一般人的確如此。

但失智者則非——正因為頭腦和身體出狀況了，才需要居服員進場照顧。

失智症會影響爺爺奶奶們的短期記憶力，使他們忘記一分鐘前你才剛幫他洗完頭，於是叫你再洗一次，有的個案還會生氣地指責你，怎麼沒有幫我洗頭髮就直接洗身體。

遇到這種情況，我會看爺爺奶奶的個性，比較直的個案，我會二話不說直接洗第二次，還會請他親自用手多抓幾下，詢問抓得滿意了嗎？滿意了才開始沖水。若個性比較溫和的個案，則會先說剛剛已經洗過囉，若個案堅持，當然就是再洗第二次，沒問題的，個案的需求被滿足到比較重要。

若今天進場服務的爺爺奶奶失智狀況比較嚴重，則有可能一邊洗澡一邊排泄，那麼就得等排泄結束後才能繼續洗澡，否則沖洗身體的水會讓接排泄物的便盆滿出來，很難倒入馬桶，不好操作，同時也會干擾到正在排泄的爺爺奶奶。

爺爺奶奶可能會很不好意思地跟你說歹勢啦，真的很抱歉之類的話。此時我一率回答：「上出來很棒啊！這表示排泄正常。很好啊！」如果爺爺奶奶還是一臉歉疚，我便會加碼說：「上出來我就放心了。慢慢上，別顧慮我嘿。」

有人可能在遇到長輩在洗澡時上大號會感到困惑甚至生氣。其實大家可以試著同理一下。假設你一天二十四小時都包著尿布，一直忍受著內褲溼溼的感覺（女性應該很有同感，這感覺和月經來時很像），好不容易洗澡的時候有人幫你脫下來了，溼溼的感覺不見了，是不是下意識覺得現在可以安心上大號了，不用擔心上完後內褲不僅溼溼的還會臭臭的很不舒服，這是很自然的反應。

用手抓大便抹在牆上的情況，同樣也是如此。長輩感覺到有東西在屁股溼溼黏黏的很不舒服，對已經失智的他們來說，最快且最簡單的方式就是丟掉。他們的腦袋已經忘記還有更好的方式，就是叫人來幫忙處理或是自行去上廁所，並非故意惡作劇，增加照顧難度（有的個案好像真的是故意，那就請好好觀察吧）。

接著，考慮一下要不要開電暖爐，或給個案披個大浴巾之類的，免得暫停沖熱水的爺爺奶奶覺得冷。

如果是輕度失智的爺爺奶奶，我就會在他身體安全的情況下退出浴室，請他上好廁所再叫我進去，給他能安心蹲廁所的隱私。

若是失智中度的個案，我則會待在浴室內，視個案身心情況考慮要不要背過身子，給予隱私。

協助洗頭洗澡的順序和用具，依照爺爺奶奶的習慣而定。

就我目前遇到的情況，大多先洗頭、洗臉，最後洗身體。用具的話從用手搓、沐浴球和小毛巾都有。如果和家屬溝通良好並經濟無慮的話，有時我會看情況建議家屬準備兩個沐浴球和兩個沖水用的勺子。

一來滿足個案自行清理身體的慾望，如果不是失智太嚴重或刻意擺爛，通常都會急著自己洗澡，依照失智程度不等，某些個案會執著在想洗的地方一段時間，就算搓到皮膚都紅了還是覺得想再洗一下。

若有第二個沐浴球和勺子，居服員就能自行幫爺爺奶奶清洗他們遺漏的地方，以及洗不到的後背、屁股和腳趾，便能控制進浴室的時間不至於超過服務時間，以免爺爺奶奶在浴室待太久而增加感冒的機率。

也不會為了趕在時間內完成協助沐浴的服務，得和個案借沐浴用品好完成清潔，導致中斷爺爺奶奶想自行清洗的慾望，他們能在時間內盡情地搓洗自己的身體，一舉兩得。

在短短的協助洗頭洗澡的時間內，居服員得準備好接水、洗澡的用品，洗完澡還有穿紙尿褲、穿衣服、吹頭髮，將爺爺奶奶送回客廳或房間後，也得進行收拾浴室、拖乾地板、清洗拖把等後續步驟。時間如果拿捏不好，一開始的確有些趕。所以時間內能不能完成整套服務流程，大多靠經驗以及爺爺奶奶們這天的配合度。

若今天長輩的精神狀況特別虛弱，這時需主動積極協助，加快洗完澡的時間，好讓個案早點休息。

反之，我也曾遇過去服務時爺爺奶奶的精神特別好，全部都堅持自己洗，不要我插手。這時就只能視情況而定。

通常我會鼓勵說：「太棒了！自己洗很棒啊！來，沐浴球給你。」然後趁爺爺奶奶不注意的時候（失智造成的固著行為會讓他們執著在自己在意的地方。譬如說。特別在乎手有沒有洗乾淨而一直洗手），清洗他們洗不到的地方。

個案大多不會發現，因他們對身體的敏感度和一般人不一樣了，所以才會常常洗不乾淨、身體殘留異味，正因為如此才需要居服員進場協助。

頭和身體都洗完了，接下來在擦乾身體穿衣服之前，我會觀察一下爺爺奶奶的身體狀況，像是皮膚有沒有出現壓傷、泛紅或不明斑點，指甲是不是需要修剪了，變瘦了還是變胖，再考量需不需要詢問長輩甚至往上回報。

如果是罹患糖尿病的長輩，須加強注意腳趾的情況，如果有傷口就會直接往上回報，好讓家屬一起督促傷口癒合。

送穿好衣服的爺爺奶奶去休息前，我一定會做的有兩件事情，一是擦乳液、二是喝水。通常長輩的腳都很乾燥，協助他們養成擦乳液的習慣很重要，避免皮膚太乾引起搔癢。

喝水則是長輩常因走路或起坐不便而減少喝水。洗澡對他們來說是運動時間，洗完一定會口渴，此時便是勸他們喝水的好時機。我進場服務到現在，還沒遇過洗完澡拒絕喝水的長輩。如果家中長輩不愛喝水，可以趁此時養成習慣。到後來反倒是爺爺奶奶會主動說要喝水，所以是可以培養看看的。

家務協助

政府核給家務協助的主旨是讓地板維持在個案不會跌倒的清潔度，避免生活環境髒亂，影響個案身心健康。範圍為個案生活空間內的一房一廳一衛浴，以及簡單洗滌和晾晒（烘乾）個案的衣服。同住家人的共通生活區及衣服不包括在內。與家人同住的個案服務內容通常就只有以上。

請記住居服員進場服務主要是來服務個案本人，顧到個案進行服務項目時的身心安全，非家事服務員。

獨居老人的話，督導則會視個案的身體情況，增加核給廚房、刷馬桶、個案生活範圍內最常用的桌子、洗晒衣服等。獨居且行動不便者，則會視情況增加協助倒垃圾等細項。

乍看之下很簡單，卻是我從事居服員三年多以來，最容易出現爭議的服務項目。最主要的原因有二。

一是個案和個案家屬對於家務協助的認知出現錯誤。

一般來說，督導和個案簽約時都會就核定的服務項目，一一和個案及家屬解釋服務內容和範圍，確定雙方有共識後才會簽約。

但是，我不曉得是哪一方出現錯誤，簽約時依照政府法規規定約定好只有清潔地板，日後居服員進場服務時，卻被指責怎麼沒有擦鏡子、刷拖鞋、掃蜘蛛網、協助丟掉他外孫亂丟在地板上的尿布（上述皆為真實案例）等。

依照規定，居服員遇到服務上的爭議皆須回報給督導處理。此乃最安全，最不容易出現爭議的做法。如此一來，居服員不用正面和個案及家屬起衝突。有的長輩不喜歡居服員說話太直接，雖然我們皆就事論事，本來就不是故意針對什麼，但長輩會直覺性地感覺被駁斥了，出現情緒。

同時，督導本來就該了解居服員服務個案的情況。所以，交給督導去進行溝通，最是合適。

但，我們服務的是人，是人，所以會有各種情況和灰色地帶。所以我會視個案的認知狀況，以及和對方有沒有緣分，考慮是否要回報給督導。

通常，我若覺得個案有需要，服務時間充足，我很樂意多做一點。譬如我曾服務一位老老照護的視障奶奶。她個性獨立，生活起居都能自己來。唯獨因為看不見，無法好好打掃家裡，所以我會加碼擦浴室扶手，以防奶奶手滑跌倒。

二是每個人對於清潔的認定不同。

我曾經服務一位臥床個案，同住的主要照顧者有潔癖。所有打掃方式都得照著他規定的方式去做。他才會覺得真的有打掃乾淨。一開始我適應得不錯，以前曾做過清潔員的經歷，讓我在打掃這方面很快就能上手。

後來對方開始撿我掉在他家地板的頭髮，用衛生紙包起來，等隔天我去上班時拿給我看，無論是個案或家屬都沒有說什麼，只讓我看那團包著頭髮的衛生紙。

當下，我在心中大喊：「我是人啊！當然會掉頭髮啊！看到的話，撿起來丟掉不就好了，留下來給我看想表示什麼？請直說。ＯＫ？」。至此之後，個案家屬開始對我的打掃方式吹毛求疵。

老實說，我做的方式都一樣，不一樣的是對方對我的態度整個變了。

我醒悟過來，啊，和這位個案及家屬的蜜月期過了，此乃人與人相處的常態。一開始，急需協助的家屬看到居服員來了，體認到在照護方面的壓力實際減少了，家屬會很客氣、很感恩、很禮貌。

直到後來習慣成應該，應該變成理所當然，希望居服員可以做更多，負擔更多，甚至超出政府規範的範圍。我就曾聽過個案理直氣壯地指責：「妳來我家就是要協助我啊。幫不到的話妳來幹嘛！」但是，不好意思，政府沒有核給你代購服務，不能出去幫你買東西。就算有核給，也不能代購菸酒藥品唷。

居服員和個案及家屬的關係有時候會改變。剛服務時很喜歡你，三個月後卻處處嫌棄你的情況並不少見。

當然，也是有一直都很感恩，一直都自己試著去做家務的個案。

此時，居服員要做的就是一面注意個案的安全，一面重新打掃一遍。並非嫌棄個案打掃得不徹底，而是我們需照實履行合約上的服務項目。或者你覺得個案今天掃得很乾淨很棒，在經過個案同意，就直接回報督導不用進行家務協助即可。

當居服員遇到個案指出家務協助服務做得不好時，除了該依照公司和政府規定回報之外，我認為居服員心中也該有把自己的尺。一方面謹守工作本分，一方面則是需理解我們服務的是人，人與人之間的關係出現變動，是再自然不過的一件事。

學習面對並調整自己的心態，如此就不會一味陷在怎麼個案要求那麼多？我又不是清潔員。啊是把我當傭人嘛……等於事無補的想法內（當然，不爽的心情還是要找機會發洩，免得悶久了得內傷。只不過，發洩完了，我們還是要學著破關，好進一步成長）。

通常，經過一兩次的溝通及磨合後，就能繼續穩穩地服務下去。

陪伴服務

此項服務是我和認識的居服員們，公認最簡單又最困難的服務項目。

簡單的原因有二，一是個案的配合度，配合度高的話，無論一起做什麼都很愉快。二是居服員本身對於靜態活動的規劃心裡有底，知道個案需要且喜歡哪幾種活動，復健操、唱歌、聊天、做手工、畫畫、陪挑菜、讀報、練字等靜態活動皆可，服務時間也過得很快。

同時，督導和家屬也會提出希望個案進行哪些服務，多份多方的配合之下，就能給予個案最適合的陪伴服務。

例如，我曾有位個案因中風剛出院，家屬希望能增加講話方面的練習，於是當語言治療師進來評估並教家屬怎麼帶個案練習後，隔天我進場服務，換家屬教我。從那次開始，陪伴服務我做的便是帶個案一起做口腔運動，很想盡快恢復語言能力的個案也非常勤勞地復健，把握黃金時期，回診後連醫生都稱讚奶奶很努力。

以上是皆大歡喜的陪伴服務。

但如果今天遇到的個案不配合的話，以上每一個環節都困難重重。

我曾遇過某位個案，每次進場服務他都說很累，想睡午覺，所以家屬希望在陪伴服務做的運動只能一直延遲。

當然，居服員一定會鼓勵個案起來運動。可是在此之前，我會先問個案今天在我來之前的行程。可能是回診剛到家，早上去菜市場買菜等對個案來說真的比較累的活動，我便會支持個案休息。畢竟太累的話，容易把個案的體力耗盡，造成日常生活起居的危險，如此一來當然要讓個案休息。

陪伴服務最主要是顧到個案的安全，首要避免個案一個人在家起居活動時發生危險，像是上廁所滑倒之類。

這時，就是居服員拿出定力，不要一起睡著的時候了。我通常會閉眼休息但不睡覺，真得很睏的時候，就起來動一動，做一些無聲運動，像是深蹲、拉筋等。

也有那種就是耍賴，怎麼都不想運動，氣你逼他做不想做的事情的個案。

這時就得看個案的個性、身心狀況、居服員和個案的緣分。簡單說就是各顯神威啦。有時個案心情好，可以做個十五分鐘的緩和運動，有時候個案心情不好又一直碎碎念，那自然不適合在此時請對方一起運動或從事之類的活動。

我們服務的是人，人本來就會出現各種情況和情緒，這些是很正常的。

在其中學習隨機應變，隨遇而安，也是居服員須具備的能力之一。

肢體關節活動

肢體關節活動不是按摩，不是推拿。

核給肢體關節活動的目的是為了促進個案四肢血液循環，預防關節攣縮、僵硬。居服員不是按摩師，也不是推拿師，沒有相關執照，不能執行按摩或推拿方面的服務。

居服員觀念正確，遵循上課時老師教導的動作，視個案的身體狀況微調並一一執行，便能安全且徹底的完成服務。

起初需要花時間記住上肢和下肢肢體關節活動的動作和注意事項，在家自己多做幾次，習慣了就很順利。

通常一開始進行肢體關節活動時，個案都會以為是幫他按摩或推拿，好好解釋，幾次之後他們就懂了，也不會多問了，因為都睡著了，屢試不爽。

就算是很難睡著的夏天，有睡眠障礙的個案，十分鐘後通常都睡著了，一切都安靜了，個案也睡得很舒服，是我個人很喜歡的服務項目。

「陪同外出」和「陪同就醫」

基本上，需要注意的就和你陪自家長輩出門時一樣。

依照天氣增減衣服帽子，視路程遠近以及出門的目的，確定是否需要攜帶保溫瓶和錢包。最重要的是在出門前一定要親眼確認個案有將鑰匙放在隨身小包內，如果是陪同就醫的話則需確認是否有戴口罩、攜帶健保卡和錢包——有的個案習慣出門只帶個小零錢包，證件另外放在皮夾，多確認幾次即能萬無一失。

無論陪同外出是散步、回診、購物，居服員最主要的任務就是讓個案平平安安地出門，平平安安地回家。所以依照個案的行走能力，會讓個案挽手臂，或輕輕抓著個案的後腰帶，以及檢查輪椅、四腳助行器和拐杖是否能安全使用等。

比較容易出差錯的是下雨天回診。愛心計程車或復康巴士下雨天格外難叫。假設是個性隨遇而安，處變不驚的個案，就一起輕鬆地聊天等待即可。

但我也是有遇過那種事情不照著計畫執行，就會焦慮不安的個案。這很正常，不需要因此隨之大驚小怪，免得個案原就焦慮的心情會跟著更加起伏。找機會適時地轉話題就好，或著就讓個案說，讓他發洩，說出來也好，總比悶在心中得內傷來得好，說不定個案回家後就忘了。

返家後，確認個案帶出的物品都有攜回，陪同逐一清點購買的物品或是回診的藥物、回診單等，並協助將重要的東西歸位。回診單依照個案和家屬的使用習慣，放在他們家固定擺放的位置，以免居服員離開後，個案和家屬都找不到。

如果是獨居的個案，為了以防萬一，在經過個案的同意，也可先行拍照留底傳給督導。也能藉此提供督導預先排好下次回診時的陪同就醫項目。

最後我會提醒個案洗手，上廁所並喝水，如此一來，服務達成了，身體需求也有顧到。

代購或代領或代送服務

我個人服務至今遇到的通常都是幫忙買午餐，有時加買晚餐，或者加買衛生紙或飲料等，在買午餐的地點附近就能順路加購的物品。

代購的時間大多是二十分鐘，包含來回騎車的時間，大家心裡應該會有個底，此乃用來採買三餐等每日必需品，不是幫忙大採購。

除非政府核給的代購同一天內可以使用兩次甚至三次，那就可以去大賣場採購，這點沒問題。其餘的非必需品則需視採買的地點是否順路，有時還得冒著停紅線的危險採買。

但也曾聽過前輩分享，有那種把居服員當外送員，短短二十分鐘要買午餐、衛生紙、滅蟑、成人紙尿布、銘一〇〇補體素和金紙的個案。

幸好個案住在鬧區，也幸好居服員很熟那附近的地理環境，勉強在三十分鐘內採買完畢，依舊超時，居服員只能往上呈報，個案接到督導電話很不高興，反問多買一點會怎樣。

「又不是我求你們來服務我，這是政府給我的福利欸！」吼的聲音之大，坐在主任旁邊協助文書作業的我也聽得一清二楚。

同學們，真心希望大家使用長照服務時能同理心一下。

無論個案的身分別為一般戶、中低收等都只需要負擔部分服務費用，其餘的都是同為臺灣人所繳納的稅金，有的身分別為中低收者的個案，更是無須支付費用，大家請珍惜。

當然，無論做哪個行業都會遇到奧客。

我也是有遇過那種很尊重，很互相的個案。代購的東西永遠都是他家巷口那幾間小吃店的其中一間，說只吃得習慣這幾間老店。

基本日常照顧

職務內容說明為：協助翻身、移位、上下床、坐下／離座、刷牙、洗臉、洗手、刮鬍子、修手指或腳趾甲、穿脫衣服、如廁、更換尿片或衛生棉、會陰沖洗、倒尿桶、清洗便桶、造廔袋清理、協助服藥、整理更換床單。

以上兩項服務如果是臥床的個案通常會一併核給。然後視個案和家屬需求加上

「翻身拍背」、「協助餵食或灌食」和「肢體關節活動」。

此乃一整套核給臥床個案床上洗頭、洗臉、擦澡、更換衣物、更換尿布的服務。以上全部都做完便能給個案翻身拍背。執行結束後，居服員還需清理服務時不小心潑到地板上的水等，此大約會花十分鐘的時間，等同讓剛擦完澡的個案休息，再多休息一下即能給個案管灌。

上課時，老師說居服員在擦澡時最重要的事情除了顧到個案的安全，便是要檢查個案的身體是否出現壓傷、破皮、紅疹等情況。更換尿布時則是觀察個案的排泄和水分攝取是否充足，所以並非表面上把事情做完就好，需要細心觀察個案身體上的變化，若有感覺到什麼好像和平常不太一樣，問一問，視情況考慮是否要回報給家屬和督導。

其實，就算今天個案沒有基本身體清潔這項服務，居服員或多或少都會觀察個案的臉色、呼吸、體能狀況。

今天個案的臉色是不是比較蒼白？穿的衣服好像比昨天多，是不是覺得冷？有咳嗽，是感冒還是嗆到？手指甲長了，提醒個案剪指甲，如果有核給基本日常照顧，便能在經過個案同意的情況下幫他剪指甲。以上都是很常見的服務流程。

至於協助餵食或灌食時，若是個案並非單純的加熱飯菜用湯匙餵食，而是使用鼻胃管進食的話則一定要反抽，查看食物在個案胃中消化的情形。

雖然我自己沒有遇過，但同事曾經驗分享，爺爺奶奶說沒事，沒有不舒服，但反抽時卻抽到未消化的牛奶混著血的情況，此點需要多加小心注意。

還有就是要注意灌食食物的溫度，分量是否符合個案需要等。

測量生命徵象

簡單說就是測量血壓、體溫、脈搏、呼吸並記錄，以供個案和家屬查核。有此服務的個案通常是醫生交代要記錄，以便在下次回診時察看。

我很喜歡這項服務，雖然居服員會觀察個案的狀況，但我們畢竟不是醫生也不是護理師，有專業的器材檢查並記錄個案的身體狀況，等於多了一項工具協助我們了解並照顧個案的身體，是很安心的夥伴。

餐食照顧

依照個案家屬提供的食材，準備個案的餐食，並在事後清潔餐具並善後。

簡短的三句話，卻是和家務協助一樣容易引起爭議的服務項目。雖然同學們可能看膩了，但我不得不在此重申：居服員不是總鋪師。

從事居服員三年多了，實在是遇到太多把我們當成管家、家事服務員、推拿師、按摩師和外送員的個案和家屬了。有那麼厲害我們早就轉行了嗚嗚。

我們能準備的只有個案本人的餐食，不包括同住家屬。就算今天你女兒帶著外孫回來探望你，也不能因此加菜，領政府薪水的居服員，需照著政府規範和合約內容進行服務。否則，被查到的話會被罰和被記點。

我曾遇過個案和我說：「妳不講的話，誰會知道？」

一副你知我知，天不知就好。

「可是我自己知道啊！」我說。「我知道你要求我做的事情違反政府規定和合約內容。」

「啊妳不要說不就好了。」個案盧小。

「假設今天不是我做，我不知道，對我來說那就沒事。但今天爺爺你要求我做不正確的事情，我當然有權利拒絕。」

「啊！跟妳講不通啦！妳做就對了。廢話那麼多。」個案揮揮手，好像我才是那個講不聽的人。

「爺爺你覺得我說不通啊？那請你跟我督導說吧。」

通常個案一聽到我拿出手機要打電話，就會比較收斂一點：如果還想繼續盧，那就交給督導吧，時間有限，我得快快洗菜備餐。

我個人唯一會例外的情況是，老老照顧的獨居夫妻，那麼我就會假裝不知道這一餐煮的菜有多少人吃，假裝沒看到爺爺放了兩副碗筷，畢竟我煮的只有一般人常識的一人份飯菜。

因為，實際上桌吃飯的人我無法控制，爺爺有吃飽且吃得營養就好。相信同住的奶奶也沒有餓到。其餘的部分我們就心照不宣這樣。

也是有遇過家屬每次都準備五人份的食材在流理檯上，一副好像就是要你把這些菜煮完就對了。

此時，我得分享前輩的大招。

前輩說：「把菜挑一挑，撿出個案吃的分量。其他冰回冰箱就好。頂多就是蒸蛋多下一顆，蒸大碗一點給大家加菜。也不會做得太絕。家屬問時，可以回答今天提供的蛋都有打下去蒸蛋唷！」

是不是很厲害！

★

以上為目前居服員每天每週都會進行的較為基礎的服務項目，希望幫助同學們對居服員的工作內容有基礎的認識。

看到這裡，同學們一定想知道第一和第二辛苦的事情是什麼吧？

在此公布我個人的答案。

一是獨自面對突發狀況，尤其是個案猝逝、性騷擾、失智個案拿起拐杖揮舞等失控行為。

二是督導和機構主管是否和居服員站在同一邊，好好地支持並引領居服員。

其實工作沒有不辛苦的，但我覺得居服員工作的辛苦很有記錄的價值。

居服員在提供服務的過程中，常常能藉著與爺爺奶奶們的互動，收到他們給予的關愛和照顧而得到慰藉。

可惜，這種關係很短暫。在我不長的三年兩個月的居服員資歷中，我服務最久的個案也才兩年多而已，機構主管的年資都比我淺。若以在公司行號上班的情況來比喻的話，的確是在一個人員流動很大的職場工作，尤其個案的離開有部分原因為死亡，此乃常態，卻不是那麼容易適應的常態。

人與人相處一定會累積感情，這正是人類的服務無法被AI取代的主因之一。工作第一年，連續兩位個案離世讓我有些陷入低潮。我不可能不放感情去照顧爺爺奶奶們，可是放感情的同時也代表將來離別到來我會悲傷、會不捨、會難過。

有位朋友曉得我有寫作習慣，但因為腕隧道症而許久未寫，於是鼓勵我將這些故事寫下來。她說寫下這些故事不僅能將情緒和思路做完整的梳理，也能將這些對我來說很珍貴的故事記錄下來。

的確，我不想忘記這一期一會[1]的珍貴回憶。

我寫了，分享給朋友看，她大為感動，不斷鼓勵我繼續寫。在故事累積到足夠的字數時，她鼓勵我投稿。

最後，便是呈現在各位同學面前的這本《居服員，來了！》。

現在，想邀請大家和我一起進入居服員的工作現場，以及一位位長輩的故事。

註1：一期一會，日本茶道的用語，出自日本茶道師千利休。「一期」表示人的一生，「一會」則意味著僅有一次相會，勸勉人們應珍惜身邊的人，更意味著每次的茶聚都是獨一無二的。

目錄
contents

Chapter 2
走入不同的家

Chapter 3
在成為居服員之前

Chapter 1

你好，我是居服員！

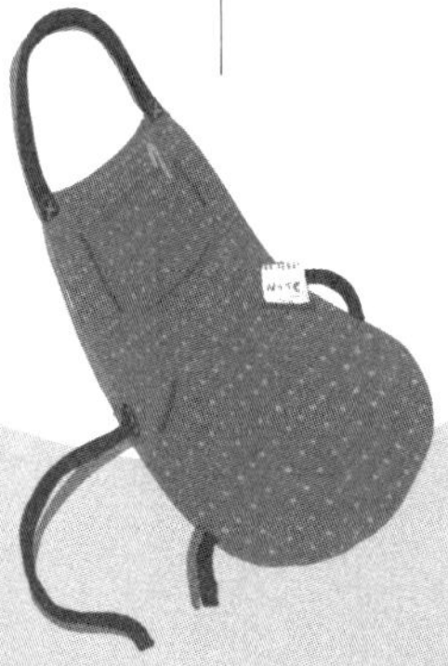

我服務的第一位個案

居服員的工作便是在這段小小的緣分中，
做好當下該做的，珍惜彼此陪伴所存起的記憶。

帕金森奶奶跌倒了。

下班後，我接到電話，督導說奶奶去陽臺晒衣服的時候，不知為何，突然坐在地上然後就起不來了。

雖然只有屁股瘀青，但帕金森奶奶嚇到，家屬也嚇到，所以先暫停服務，家屬會前去照顧並陪伴奶奶，之後恢復服務的時間視情況而定。

再見到帕金森奶奶時，一個月過去了。

奶奶笑容依舊，氣色不錯，整個人還胖了一圈，彷彿什麼都沒有改變。唯一差別的是，以前可以陪伴奶奶下樓在社區散步，好維持奶奶的腳力；然後視她今天的體力和精神狀況，有時在花壇坐著休息，有時則慢慢走到長椅坐著陪她聊天。

若遇到下雨，帕金森奶奶仍會下樓，刷磁釦帶我上樓去她家。我們會一起在餐桌上畫畫或是剪貼，然後同樣視今天奶奶的精神狀況如何，如果不錯，則會帶她坐著做一些維持肌力，拉筋伸展，增加活動的運動。

那時，我和家屬都以為奶奶再多休息個一個月，等她的心情緩和過來，應該就一切如常了。因為奶奶跌倒的情況算是很輕微，只有一點瘀青，主要顧慮的是她嚇到了，對於站起來或是坐下去，常出現猶豫或是害怕的遲疑動作，這會增加跌倒的風險。

於是奶奶開始使用四腳助行器，行進間需要有人一旁攙扶、協助維持平衡，督導也加上肢體關節活動的項目，以幫助維持原有的肌力。

家屬也擔心她再次跌倒，希望帕金森奶奶坐臥時都有人攙扶，目前暫時二十四小時都需要有人陪在奶奶身邊。

沒有想到，這一陪就是兩個多月，最後還增加了協助沐浴的項目。

是的，帕金森奶奶變得退縮。

以前總是很樂意和我一起畫畫，一起坐著運動的她，自從跌倒後，心情變得消極。邀請她進行一些活動或運動時，總回答：「可是我現在不想做耶。」

我用其他比較迂迴的方式提議道：「奶奶，我今天在樓下有看到賣豬肉的奶奶欸，就坐在圍牆的椅子那裡，剛剛我去停機車的時候，她還問我妳最近好嗎？說很想找妳聊天。我們要不要去陽臺看一下？」

「好。」奶奶說。

把助行器拿到奶奶雙腳前，她使用助行器站起來，同時，我一手拉著奶奶的褲腰帶，一手扶著奶奶的腋下協助維持平衡，等確定她站定了，這才慢慢走去陽臺的座位處。

「奶奶妳看，賣豬肉的奶奶就坐在我們之前一起聊天的椅子那。」我說：「順便開一下窗戶，透透氣。」

她伸長脖子往樓下看出去，點點頭。「對啊，賣豬肉的奶奶就坐在那裡。」

「坐在賣豬肉的奶奶隔壁的大姐，奶奶妳認識她嗎？」

「不知道，太遠了，看不清楚。」
「這樣啊？那奶奶妳有看到旁邊的發財車嗎？賣水果的老闆今天也有來。」
「賣水果的老闆？有啊！有看到啊。」
等奶奶露出想要坐下的表情時，便扶她坐下。
然後我會以家屬放在陽臺的盆栽為話題，陪奶奶聊聊天。等她露出坐立不安的表情時，詢問她要不要回客廳。然後再重複一次同樣的流程帶她回客廳坐。
坐定後，重複一次肢體關節活動，接下來便得絞盡腦汁地想話題和她聊天，好填補這段陪伴的服務時間。
因為罹患帕金森氏症的關係，奶奶想不太起來以前的往事了，也不看電視，所以聊天的話題非常少。
儘管有一次我曾在奶奶的同意下，和她一起看相簿，奶奶也說的不多，我只能用相簿裡面的線索，試著勾起她的回憶。
「奶奶，照片後面拍到的是女王頭欸，妳和爺爺以前是不是曾經一起帶孩子去野柳玩？」

奶奶用手指撫摸著覆蓋照片的透明玻璃紙，露出思考的表情，回答道：「對啊，以前我和爺爺一起帶孩子去野柳玩。這是我兒子、這是我小女兒和大女兒，這個是我。」

「天氣看起來很好欸。」我指著照片背景中的藍天。

「天氣看起來好像很好吧。」奶奶習慣性地重複我的話。

「那這張呢？裡面這位穿著咖啡色毛衣的人是爺爺嗎？」

「對啊，穿毛衣的人就是爺爺。」

「那這張照片是在哪裡拍的？我好像在臺南有看過這座橋。」

「嗯……想不太起來了。」

「是不是在臺南的中正公園拍的，我記得那裡有一座橋，也有同樣的涼亭。」

「臺南嗎？好像吧，我不記得了。」

過程中，得小心拿捏詢問的程度，我總擔心問得太多，奶奶一直想不起來，會不會覺得挫折？

但奶奶從未露出困擾的神情，似乎也沒有因為我一再詢問過往而感到厭倦和不耐，彷彿已經喪失這方面的感覺。

此現象促使我開始思考，如果記憶是構成一個人之所以為他本人的根源，罹患帕金森氏症而遺忘過去的奶奶，與原本保有過去記憶的她，是不是也開始漸行漸遠？那位失去記憶的新的她，於焉誕生，同脫繭而出的蝶。

每當帕金森奶奶露出疲憊的表情，今天該做的服務項目都做完了，我便會拿出手機（有經過督導和家屬同意），用裡面存放的照片和影片，開始說我自己的旅遊故事。北海道、京都和沖繩石垣島旅行就這樣說了一次、兩次、三次、十次。

奶奶每次給我的反應都像是第一次聽見似的，興致勃勃地看著手機裡面的美景美食。

說到口乾舌燥，我便會邀請奶奶和我一起喝水，然後衛教喝水的時機和好處。

「我每天至少都會喝一瓶礦泉水。」帕金森奶奶每次都這麼說，彷彿在期待我的誇獎似的，舉起食指用力比出一的數字。

「很棒啊奶奶，我們一起喝水。不過，一瓶還有點少，我們慢慢加油，以後要喝到兩瓶。」

奶奶點點頭，然後又灌了一口水。

「那我們再來做一次毛巾操吧。」

我去拿家屬準備好的毛巾，帶著奶奶伸展上半身的肩膀、手臂和後背肌肉。

一靜一動的陪伴內容，就這樣持續到奶奶的家屬下班回來和我交接班。

帕金森奶奶的家人是我從事居服員至今，遇過最令人安心的家屬。

早上同住家屬離開上班前，喘息服務的居服員進場服務，然後另一位家屬帶中餐來換班；下午我到了之後，家屬離開回家；接下來同住家屬帶晚餐回來和我交接班，同時間我也下班了，同住家屬陪奶奶到隔天早上上班，喘息服務的居服員進場接手。

週末則是另外一位家屬一家大小輪流陪伴奶奶。全家族一起，加上喘息服務和長照服務的居服員補上空檔，二十四小時都有人顧，真的很安心。

偶爾同住家屬會說：「媽妳不要太客氣，某某外孫來了就讓他扶一下沒有關係。妳的身體平安最要緊。」

奶奶總是說好，而家屬總是苦笑，因為他明白，儘管奶奶現在說好，下次遇到還是忘記等人來扶再起身。

家屬露出忍耐的表情，似乎在制止自己不要再念他媽媽，換個話題，開始叨絮著家裡長短，親人間的誰誰誰現在在做什麼，彷彿在幫奶奶加深記憶兼總複習。奶奶記得時，就會跟著應上一兩句，記不起來便會重複家屬的最後一句話。如同和我對話時一樣。

這就是帕金森奶奶現在與人互動的模式。家屬只能學著接受，並在其中試著找到雙方都能接受的平衡點。

在旁邊服務的我，覺得這樣也不錯。至少帕金森奶奶的家人皆樂意接納現在的她，而非指責她怎麼可以忘記？怎麼生了那麼麻煩的病？為什麼生病了還不好好坐著？陽臺的衣服有其他人去收。

帕金森奶奶的記憶或許一直在流失，但我相信，她的親人會和她一起記得、複習、重溫這一段段彼此陪伴的記憶而織就成的人生。

帕金森奶奶是我的第一個個案。總共陪她五個多月，直到外籍看護進駐。個性溫和的奶奶教會了我許多陪伴老人家的技巧。

很高興主耶穌和機構給我的第一個個案是她，向來敏感又容易擔心的我，在這段過程中，與奶奶一起建立互相陪伴的信任感和服務流程，惠我良多。

機構的主任曾說我有一項比較少見的優點，就是同理心，能設身處地地去思考照顧者和被照顧者的需要。

而這項優點也會帶來難處。

太過投入所帶來的難處。

明明不是自己的家人，卻不自覺地擔起不屬於我的責任。下班回家後總覺得心比身體更疲憊。畢竟這些需要長照服務進駐的家庭，皆各自有各自無解的難題，否則就不需要居服員的協助了。

儘管只去服務一、兩小時，有時仍會被捲入消極負面的環境中。好幾次還得負責幫吵架的個案和家屬調停，兩邊都安撫好才能開始進行服務，所以下班後常覺得心累、煩悶。

原本我一直很為這點煩惱。

我希望自己能更專業，並懂得卸下不屬於自己的重擔，目前仍在學習中。

因此，每次去帕金森奶奶家服務就會感到安慰，看到他們整個家族一起全心投入照顧奶奶的行列，分工合作，只希望奶奶能夠更安全、更舒適，而奶奶總是那麼溫和，尊重他人，笑容滿面。

有這樣同心合力的家族在，幫助我消去不少心中的消極負面情緒。

謝謝帕金森奶奶和她的家屬們。

居服員這份工作雖然時有疲憊，但也能從個案和家屬的回饋中得到療癒。雖僅陪伴小小的一段路程，能在人生的長路中相遇並相伴，已是難得的緣分。

我想，居服員的工作便是在這段小小的緣分中，做好當下該做的，珍惜彼此陪伴所存起的記憶。

奶奶忘記了又如何？我們不也是一天到晚遺忘各種大小事情。所以我們記錄，書寫，拍照，錄影。抓住每一段美好和不可遺忘的當下。

讓我來記得吧，大家一起記得吧，就像一直同心協力的帕金森奶奶一家。然後，便能一起繼續創造更美好的當下。

信任，從聊天開始

你願意花時間認識我，
我願意聽你說話，這便足矣。

十二顆煎得金黃油嫩的荷包蛋、川燙後用薑絲醬油去腥提味的炒牛肉絲、聳立得像座小山的櫻花蝦炒瓠瓜、青翠鮮甜的小黃瓜涼拌蘋果薄片；正適合夏季降火氣的綠豆薏仁湯，以及兩大盤的鳳梨。一道道正當季的家常料理，像變魔術一樣樣端出來，無論何人皆能毫無負擔地大口享用。

這桌能餵飽三代同堂的中式圓木桌，一年四季都擺滿了奶奶的拿手好菜。有時我因酷熱或天冷，沒有胃口，不知道晚餐吃什麼，瞄一下奶奶的餐桌，立刻就能找到好點子。

奶奶家總是不缺吃的，她都會顧到每一位家人的飲食需要。甚至，包括我。

「這個給妳當點心。」

奶奶不是我的個案，爺爺才是。今天復康巴士提早到，我和洗腎爺爺提早回家，在他家坐到快到下班時間，奶奶像魔術師一樣，突然掏出一包食物遞過來。

今天是問我要不要吃切好的芭樂。

「奶奶謝謝妳！但我剛吃飽才去接爺爺，還不餓。心意我有收到了啦！」

我依照慣例婉拒。

「我買的芭樂很好吃呢，又新鮮又脆。」語畢，奶奶遞來一支叉子。

「嘿啊！我媽也常吃芭樂，真的是很不錯的水果。」我笑了笑，絞盡腦汁思考怎麼拒絕，比較不失禮也不傷害奶奶的面子。

「對啦！所以吃兩口沒關係啦。」奶奶點點頭，手又遞了過來。

「奶奶不好意思啦！其實現在是我的上班時間，不方便吃東西啦！而且疫情還沒結束，我的口罩不要拿下來，對妳我都安心啦！」

「這樣喔……」奶奶想了想，像變魔術似地轉身掏出一包紙袋。「那這包烤地瓜妳帶回去吃。」

「呃……奶奶，不好意思，我接下來的班，機車會停在大太陽下面，地瓜放在車廂可能會壞掉。而且政府有規定不能收啦！我收妳的心意啦！真的謝謝妳。」

「我知道啦！政府規定不能收超過五百元的東西，這包地瓜很便宜啦！」可惡，奶奶妳怎麼連公務員條款都知道，我快沒有拒絕的招數了啦，齁！這樣一來一回，每次都好像在和高手過招，總得想新的方法婉拒，實在是不好意思。

其實我們都知道這只是一份心意，臺灣人個性熱情樂意款待。有客人來訪總是要招待些什麼，有能力給予也是一種自我肯定。

我想，這也和奶奶從結婚後開始天天餵飽一家人有關。看著一個個家人都吃飽喝足，她就滿足了。

奶奶和洗腎爺爺同住的家是一棟很大的透天厝，院子大，客廳大，餐廳也大，房間和孩子都多，每一位孩子都成家立業，其中幾位住在附近，可說是三代同堂。

每位家人時常進進出出，來奶奶家的餐桌就好像走灶間（廚房）一樣。

整天下來，奶奶的孩子、媳婦、女婿、準備上大學的孫子、剛上高中的外孫，每個人無論幾點回家吃飯，餐桌上每種料理都不缺，一盤盤青菜、肉、水果和點心等料理，等著餵飽每一位家族成員。

奶奶做起菜來駕輕就熟，每次和她討教，都可以學到快速做完一道料理的撇步（妙招）。

「奶奶，這麼多個荷包蛋妳都怎麼煎的，煎得很漂亮欸？」

「一定要用平底鍋。」奶奶堅持。「然後匍，開小火，中間油最多的地方先攤一顆蛋下去，等到邊邊熟了就翻面翻到旁邊，中間的位置不就讓出來了嗎？然後再攤一顆蛋下去，十幾顆蛋很快就煎完了。」

「難怪我每次都煎過頭，原來要開小火。」

奶奶說得輕巧，煎蛋的動作如行雲流水般，讓我好生汗顏。因為我做菜頂多煮熟能吃不會拉肚子，絕對不到好好吃、很讚、很棒，想再來一盤的程度。

可惜的是，無論奶奶的廚藝多精湛，也敵不過洗腎造成的食慾不振。

幸好洗腎爺爺天性愛吃，儘管嘴巴嚷嚷著吃不下，過沒多久，一道道浮現爺爺心頭的菜，一一唱名出來。

洗腎爺爺的心頭好從服務第一年的薑絲炒牛肉，第二年的玉米雞，到最近的水煮三層肉，奶奶總是竭盡所能地做給爺爺吃，儘管爺爺可能吃沒幾口就吃不下，奶奶也無需擔心剩下太多，她那群天天來吃飯的孩子、媳婦、女婿、孫子、外孫，總是很捧場地圍桌共餐。

有回我坐上奶奶家的木製圓凳，椅子東搖西晃的，我很不好意思地和奶奶說：「對不起，我好像快把椅子坐壞了。」

「沒事。」奶奶揮揮手，不在意地說：「這些凳子和圓桌，都是我的嫁妝，四十幾年了，早就沒那麼堅固了。」

奶奶說起她年輕的時候最高讀到高中，剛畢業就在宜蘭上班，一個月薪水六百多元。

「奶奶，那個年代薪水六百元很厲害吧？」

「是啊！所以我做得很開心啊！而且之後老闆還給我加薪。如果不是遇到這個相欠債的齁——」奶奶拍了拍坐在一旁，認真看報紙的爺爺的大腿。「我才不會辭職。」

「原來如此。」

「我爸那時候把我叫回來北部，說該嫁人了，不要上班了。然後就遇到他。真的是這輩子欠他。結果有一天爺爺尿尿尿不出來，去給醫生檢查說要洗腎。我那時候好不能接受，一下子瘦了好多。」

「這樣啊。」

「後來想想算了。這輩子欠他，來還債的。」奶奶看開似地笑了笑。「好幾個現在還在聯絡的國小同學，他們的另一半也是洗腎，有時候我們會一起聊天。」

「奶奶，多聊聊，別卡在心裡面，會得內傷唷！」

「嘿啊！後來，我也想知道其他洗腎的人的情況，是不是都和這個相欠債的一樣那麼難搞。」奶奶又拍了拍爺爺的大腿。

爺爺抬起眼看了奶奶一下，什麼都沒說，目光又移回到報紙上面。

奶奶曾私下偷偷和我說，她同學的丈夫都自己去洗腎，回家自己排藥自己吃藥，無須服侍就會自己照顧好自己。反觀爺爺卻常常忘記吃藥，或有一顆沒一顆的隨性服藥。奶奶擔心得要死，忍不住念爺爺，爺爺反倒像沒事人似地說少吃一顆藥不會怎樣。

居服員走入一個個個案家中，不僅協助長者，也要適應接納不同的價值觀；尊重個案的想法和做事方法的同時，也得護衛自己的信念和原則。

剛開始總是有一段磨合期，而人與人就在這互相認識、了解的過程中，培養信任感並建立一套共處的模式。

首先需要的便是雙方都願意尊重，並付出善意，聊天便是很好的釋出善意的方式。你願意花時間認識我，我願意聽你說話，這便足矣。

有人可能認為上班不該聊天。試想，居服員服務的是人，不是機器，面對的也非工廠流水線，許多時候都需要在對方願意配合的情況下才能進行協助，得一步步培養基礎的信任感，聊天自然是最合適的切入點。

經年累月的相處，使個案願意告知一些比較隱晦的身心不適，居服員才有機會協助改善，並請督導轉告家屬注意情況，同時督導也能適時與照顧管理專員討論，調整服務項目。

曾經歷過學校霸凌的我，太了解一個人如果討厭你，是不會浪費時間跟你說話的。對方願意付出善意，希望和平共處，促進服務順利平安，這不是很好嗎？聊天也能幫助腦部機能活化，對個案來說很有益處。

所以我很謝謝願意跟我聊天、互相認識，培養感情的個案和家屬。

這群經過人生歷練的長者，處事比我圓滑也看得更多，我總是在他們身上學到許多，非常感謝。若已經無法聊天，甚或價值觀差太多，聊不在一起也沒關係，有基本的互相尊重即可。

進場服務最重要的是顧到個案的身體安全。面試時，督導和主任一再地告知此一最高準則，我也一直奉為圭臬。有原則、有規矩、設定好界線，比較好做事。至於人與人的相處得看緣分。

剛開始出社會，我在工廠上班，很在意同事喜不喜歡我，很擔心被人討厭。改做居服員後，經過一場場聚散，對這方面的想法漸漸轉變。在生死面前，活著的當下最重要。聚散有時、緣分有時、生死也有時。

正因為有這些想法，所以我現在坐在電腦前面，敲著鍵盤，把觸動我的工作見聞記錄下來。

爺爺奶奶或許有一天會忘記這些對話，我也可能忘記，寫下來就能協助記住，整理並反思，便不枉費這一段段或短或長的緣分。

聊著聊著，奶奶扶著膝蓋，嘿咻一聲站起身，再次走向廚房，繼續新一輪的燒菜煮飯。而我手中的烤地瓜，依舊熱騰騰的，光聞就覺得香甜，如同奶奶一直以來付出的尊重和善意，總讓我覺得很感謝、很溫暖。

沒有拖乾淨

界線設立好，
遇到事情便不會被動搖。

「你們家的居服員每次用完拖把都沒有洗乾淨。我用拖把的時候一洗，裡面都是泥巴水。還有，浴室地板的磁磚縫隙也沒有刷乾淨……」

收到新督導要找我私下談關於視障奶奶的家屬提出投訴時，我一面拿出佐證用的相簿和影片，一面嘆了好大一口氣。

談完後，督導也嘆氣。

「居服員不是家事服務員啊。」他說。

「是啊。」我也點點頭。

服務視障奶奶已經快兩年了，每週一次的家務協助，依照政府規定範圍為一房一廳一衛浴的地板。由於視障奶奶看不見，所以督導加上刷洗馬桶、擦桌子和擦流理檯等項目。

而我進場服務的第一個月，遇見因臨時有事提早回家的家屬時，他立刻說我沒有把地板拖乾淨，特別指明地板還是黑黑的。

視障奶奶家的地板以陳年老舊的磨石子地磚和花磚拼湊而成，長年來地磚因熱漲冷縮造成的澎起和龜裂，家屬隨意用水泥和熱熔膠修補，本來就非一般新式房子的木板地或磁磚地那麼平整光滑好清理。

同時，當天我才剛進場打掃第二週也就是第二次，使用的是老舊拖把與一般常見的地板清潔劑。是能清得多乾淨？所以問題不能完全歸咎在我身上。

不過，才剛服務第二次，尚不清楚這個家庭情況的我，以上都不便擅自預設立場，於是我問家屬：「請問哪裡不乾淨？」

「這裡啊！還有地板上的刮痕好黑。」

聽到這點，我挑眉說道：「刮痕並非我造成。如果你希望地板再更乾淨，可以提供漂白水，日後我會倒入水桶內，拖地時使用。」

「我知道這個刮痕不是妳用的。這裡我之前刷客廳地板的時候有用漂白水刷，只是怎麼還這麼黑……」

注意到了嗎？

家屬知道刮痕不是我造成的，也知道他沒有提供我足夠的清潔用品，但他仍以為居服員進場清潔後，他家的地板就能潔白如新，亮晶晶。

我如果有那麼厲害，去做一小時五百元的專業家事服務員不是更好？

「先生，不好意思，我接下來還有別的班。我剛剛已經把地板刮痕的照片傳給督導了，稍後督導會打電話給你。你們討論看看，之後督導會再告知我。」

「不用啦不用。」家屬連看都沒看我一眼，蹲在地板的刮痕前，喃喃自語道：「怎麼還這麼黑……」

我在心中翻個白眼，和視障奶奶打個招呼，隨即打卡下班前往下一位個案家。

豪不意外，當天就收到督導傳Line說客廳地板不乾淨，浴室縫隙也沒刷乾淨。他親自前往視障奶奶家，直接在家屬面前又刷了一次浴室地板，告訴我家屬在意的是牆壁和地板的轉角接縫處。

「我有用地板刷刷過了。政府規定的家務協助的主旨是維持地板乾淨好讓案主不會跌倒，或因為環境髒汙而生病。我不是去大掃除。」我耐住性子解釋。

督導陪笑道：「我知道我知道。我也和家屬重新解釋過家務協助的範圍，他也理解了。總之以後去奶奶家刷浴室，那個縫隙就麻煩妳把地板刷反過來，就能把轉角接縫處刷乾淨了。」

我不想讓督導難做，既然他有和家屬重新告知長照2．0的內容，我的業務內容也沒變，本來就要刷地板，只是換個使用地板刷的方式，目前我能接受。

之後就看家屬是不是真的有聽進去。

結果，之後只要在視障奶奶家遇到家屬，對方都一定會找到一個地方說我沒有打掃乾淨。

「小姐，妳每次用完抹布都沒洗乾淨。」

我看著那塊家屬不知道從哪件衣服剪下來的白色破布，在心中挑眉。

「好，我以後自己帶抹布。」

果然，下次進場就沒看到那塊破布，家屬再也沒提過我沒把抹布洗乾淨。

「家屬問妳有沒有用馬桶清潔劑刷馬桶。說他看清潔劑的容量還是和剛買來的時候一樣多。他眼睛有什麼問題啊？」督導開始受不了家屬的吹毛求疵。

「容量沒有減少太多，是因為他家只有我在刷馬桶，一個星期刷一次，當然可以用很久。」我冷靜並平鋪直敘的說。

我怎麼會知道家屬都沒有刷馬桶，很簡單啊！每次進場服務時馬桶都有一圈黃垢，坐墊上有水漬，清潔劑都在原位，由此得知當然沒有清潔過。

「個管師[2]說家屬在他打電話家訪時，講妳每次使用完拖把都沒有洗乾淨，他用的時候都是泥巴水……他是不是有病？妳怎麼可能沒有洗乾淨。」

「是啊！沒有洗乾淨拖把，最後累的只是我。用髒髒的拖把拖地只會滿屋子都是臭味……算了，以後洗拖把的時候我錄影存證，麻煩你跟家屬說他有疑問就跟你拿影片看。」

「好。那也請妳以後進場服務時，拍一下清潔前和清潔後的照片，我們這邊有紀錄，到時候個管師問的話，我們這裡能有資料提供給個管師判斷。」

「我知道了。」

「抱歉捏，麻煩妳了。」

服務兩年來，視障奶奶的家屬提出了各種質疑，期間督導來來去去，每次我都得重新解釋一次，幸好有拍照錄影存證，佐以照片和影片後，督導們立刻就能明白問題不是出在我身上。

「家屬到底想怎樣啊？他這麼愛乾淨就自己打掃啊！啊不然就提供漂白水也OK。只會出一張嘴是怎樣！」接投訴電話接到身心俱疲的督導連連嘆氣。

我聳聳肩。「不喜歡我吧。從第二次服務的時候就開始挑我毛病了。視障奶奶從來沒說什麼。上次她孩子講得太不客氣，奶奶還出聲讓他講話禮貌一點。所以我才願意加碼幫奶奶刷浴室的止滑墊，以免她跌倒。」

「妳還是要跟奶奶說一下幫忙多做了哪些事情啦。」督導說。

我勉強答應。

在此重申，居服員是外人，會來來去去，永遠陪著奶奶的是她的家人。千萬不要自以為自己對個案有多好多好，你們的之間交情有多深多深。

我們應盡的專業本分是把服務做好，顧到個案的安全，符合政府規定。除此之

註2：長照個案管理員，長照2．0計畫中的職位，類似個案的經紀人，協調控管照護資源，並擔任監督的角色。

外，除非個案對我們做出不禮貌或危險的言行，對方要怎麼看待我們是個案的自由，反之亦然。

界線設立好，遇到事情便不會被動搖，背負不需要的情緒勞動，該做的事情也能以專業的角度完成。

不過，既然奶奶願意付出尊重，那我也願意互相一下。

刷洗止滑墊事小，而且那位對清潔很要求的家屬，自己從未刷過一次，止滑墊已經又滑又黏了，我想在自己負擔得起的範圍內，盡量減少奶奶跌倒的可能性。

不過，督導的建議也有他的考量，於是我從善如流地和奶奶說了我開始刷止滑墊囉！奶奶說謝謝妳。我也再次提醒刷地墊不在政府規定和合約中的業務範圍內，是我自發性的行為。

從頭到尾我只提那麼一次。

對方有心就會記得，不記得也沒關係，我無愧於心。

說實在的，這也不是我第一次接到家務協助方面的投訴。

有的人就是眉角很多，希望你能做到鉅細靡遺。偏偏家中雜物又多又亂，當然不可能打掃得像樣品屋那般窗明几淨。尤其長照2・0規範的家務協助範圍僅清潔一房一廳一衛，清潔得越乾淨，就會顯得其他地方越髒，當然個案或家屬會越看越不順眼。

有的個案或家屬真的就會開始動手斷捨離，雜物越來越少；某天進場服務忽然發現個案買新的抹布和打掃用具，並且真的有使用過的痕跡，我還滿開心的。

有的家屬投訴居服員沒有照他們的規矩去使用那些清潔用品。照他們的方式去做就沒問題了。

有的個案則是很會得寸進尺。叫你擦牆壁、洗紗窗、刷拖鞋、孩子回來要多煮五人份的菜，諸如此類，族繁不及備載。

此時，設定好界線，居服員再次衛教長照2・0，然後告知督導。

上週，新督導再次找我談話，我再次重複視障奶奶家和家屬的情況，照片和影片也重新在新督導的Line群組的相簿中建檔。

她看完照片和影片，疲憊地揉了揉眉心，說：「家屬和個管師說，他知道光投訴我拖把沒洗乾淨沒有證據。接下來他會大掃除，之後再看妳維持得怎麼樣。」

「我不可能維持大掃除的整潔度唷！」我平靜地說：「大掃除的方式和一般清潔地板不一樣。我不可能做那麼深入的打掃。」

「我知道我知道。」

督導對我做出拍肩膀的動作，想藉此安撫我的情緒。

我沒有不高興，居服員服務的是人，人本來就會有各種標準、看法、情緒。我、督導和個管師都認為我的打掃OK，但就家屬不OK，所以他一再地投訴。

兩年多過去，我忍不住設想，這些不滿的後面到底是什麼？

除了我和他沒緣分之外，和同機構的前輩同事們討論後，我們猜測，這些指責的背後可能是不安。

母親獨居，雖然身體各方面都很不錯，自己吃飯、洗澡，平日喜歡聽廣播，每天有兩次的愛心餐，自己走去郵局領錢，用郵局卡購買生活用品等生活起居都沒問題（所以政府才只有核准家務協助，沒有其他服務）。

家屬也會在下班後繞過來看看，帶點水果點心之類的加菜。

但長年來照顧視障母親的壓力，是不是讓他時時刻刻都在擔心？

不知道媽媽今天一個人在家怎麼樣？

有沒有好好吃飯？

家裡的水果快壞了，今天下班過去該挑一挑丟掉。

電話怎麼沒人接？媽媽是不是出門了？

媽媽最近胃口不好，是不是該吃清淡一點？

上次回診醫生說媽媽的血壓沒控制好，他是不是在怪我沒有照顧好我媽？

這些擔心造成的壓力他不可能發洩在媽媽身上，於是我這個一週只出現一次的外人成了最好的目標。

家屬的表面話是：房子為什麼沒有變乾淨，這樣我媽會住得不舒服。

真實的內心話可能是：妳——居服員——應該要把我媽照顧好啊！

說出來的話變成：「為什麼拖把沒洗乾淨、抹布沒洗乾淨、地板沒刷乾淨、馬桶清潔劑沒有減少。妳是不是偷懶沒使用？」

居服員只是每週進場打掃一小時，做好這一小時的工作，填補這一小時的空白，顧好奶奶這一小時的人身安全。不是你分擔責任的對象，不是來幫你盡孝道，更不是你推卸責任的對象。

他一方面擔心我取代他在母親心中的角色，所以總是當著奶奶的面數落我的不是；一方面藉此展示他雖然請居服員，但他還是很在乎母親的身心舒適，所以特地過來看看我打掃得怎麼樣，沒有把他媽媽丟給居服員之後就撒手不管。

這些彎彎繞繞的不安和罪惡感在家屬的心中糾纏蔓延，最後展現出來的就是扭曲的吹毛求疵。

「請督導建議家屬安裝監視器吧。」前輩同事說。「反正現在監視器很便宜，隨時都能看，無線什麼的很多款式。他想到就能看一下他媽，如果真的發生什麼事情，很快就能發現。」

「對齁！這個點子太好了。我也很喜歡家屬裝監視器，影片一看就很清楚，我有做好該做的事情。如此一來，我也不需要再這樣跟對方諜對諜，每次進場都要拍照錄影，心很累。」

我曉得照顧者很累，身心壓力都很大，我懂，以前我也曾照顧我的老兵爸爸十一年多，每個階段都經歷過，直到他在浴室跌倒中風過世。

但請不要因此對居服員有過度的想像。

我們不是來解救你的天使，也不是來賺福報（依照前輩同事的說詞，真正賺福報的是那些半夜不能睡覺，要陪老媽媽、老爸爸起來上廁所，幫忙換尿布，結果還會被失智個案又打又罵，又被丟大便的主要照護者），這只是一份工作，我們有收錢的。

當然，你若願意在我們空檔的時間，和我們聊聊，抒發照護的壓力或交換經驗，我們都很歡迎，也很樂意聆聽。畢竟我們是進來你家工作的外人，若你願意付出善意與我們往來，加深對個案的認識，對日後進場服務，協助照顧個案有很大的助益。

沒有聊天套交情也沒有關係，這不重要。

重要的是，進場服務的這短短一、兩個多小時內，個案是安全的，沒有跌倒，這就夠了。

專業被討厭了

我想提供的是遵照政府規定，符合個案需要，且真正對個案有益處的專業。

「啊妳這樣我自己洗就好，請妳來幹嘛。」捲髮奶奶一面搓洗自己的頭髮，一面不停碎念。

「能自己洗很棒啊，表示妳的雙手筋骨柔軟度不錯。」我一面注意她哪裡沒有搓洗到，一面盡本分地說。

捲髮奶奶是某位我偶爾會去代班的個案。

她身材高瘦，駝背，一頭蓬鬆的白金色捲髮，凹陷的兩頰和往下抿的唇角讓她看起來有些難以親近。早上十點半進場服務時，通常她才剛睡起來，得花一點時間清醒後才能洗澡。

從第一天我進去代班開始，捲髮奶奶就不太喜歡我，因為我不會幫她從頭到尾洗好洗滿。

捲髮奶奶的手可以自由穿脫衣服，兩手往上可以舉到頭頂，往下可以洗到小腿肚，除了雙腳有些無力需要助行器，洗澡時得坐在沐浴椅，除此之外，自己洗頭洗澡沒有什麼困難。

「我原本的居服員都會幫我洗。」捲髮奶奶不滿地嫌棄著，往下扺的唇角略顯刻薄。

「奶奶，妳遇到跟妳有緣的居服員了，很好啊。」我只能這麼回答。

「應該是妳要幫我洗才對。」她堅持。

「政府規定不是唷。居服員是從旁協助，維護安全，不是取代老人家原有的功能。或者等一下洗完澡，妳可以打電話問督導。」

「這樣根本洗不乾淨，妳看這裡還滑滑的。」奶奶充耳不聞。

「好，那我再給妳沖些水，奶奶妳再搓一搓。幫我試試看水溫可以嗎？」

「太燒了。」

「好，我再往冷水轉一點點。」

「太冷了。」

「那我再轉熱一點。」

「妳看妳這裡也沒沖到。」

「這裡剛剛沖兩遍了，奶奶妳也搓兩遍了。要再洗第三遍嗎？好啊。」我心平氣和地說。

「我手痠了。」

「好，那我來搓洗。奶奶妳可以洗一些比較低的地方，像是胸口或是肚子。」

「都我洗，那妳來幹嘛。」

「奶奶妳洗不到的地方我會協助啊，像是後頸和腳趾頭，還有屁股等地方。」

「應該妳洗才對。」捲髮奶奶異常堅持。

「奶奶我們沖水囉。」

機構核給協助沐浴和洗頭的時間是四十分鐘，依照我的經驗來說，加上換衣服，收拾浴室等前後步驟已綽綽有餘，但捲髮奶奶硬生生洗了五十七分鐘，因為她覺得沐浴乳沒有沖乾淨，皮膚摸起來還是滑滑的，所以要求搓洗第四次。

捲髮奶奶的班結束後，我接下來沒有班，無須趕打卡。奶奶想怎麼洗就怎麼洗，她覺得有乾淨就好，我都ＯＫ，所以沒有說明沐浴乳本來就有潤滑肌膚的效果，畢竟每個人對身體洗乾淨的定義不同。

關於要不要幫她搓洗這一點已經有衝突了，沐浴乳到底要洗到什麼程度才算乾淨，她本人有滿意就好。

其實，我也可以幫奶奶洗好洗滿，絕對比奶奶自己搓洗還要快和乾淨，也無須聽她碎念，更無須承擔可能會被家屬打電話抱怨的風險。

但是，這對捲髮奶奶來說一點助益都沒有。我若全部幫她洗好洗滿。奶奶便少了一次維持自己洗頭洗澡的生活機能，延緩退化，以及在安全的環境下活動身體的機會。

每一個居服員的心中都有一把尺，而我在這裡過不了自己這一關。

對她很抱歉，我不夠柔軟，不適合做她的居服員。

幸好我只是代班。我忍不住這樣想。

但被念、被討厭，事後還聽到奶奶跟家屬說：「原本的小姐什麼時候回來？她為什麼要請假？這個代班的居服員都叫我自己洗，剛剛也叫我自己擦乾身體，自己吹頭髮，請她來幹嘛？」

聽到這些話，真的讓我忍不住嘆氣。

我的專業被捲髮奶奶討厭了。

反過來想，我覺得這也是個好機會。本來人都各自有自己的想法，一個人的觀念若不願意更新，其他無緣分的人也無須強求。

此乃學習如何應對一個不喜歡我的個案的好機會。

我告訴自己，心態擺正，主管也支持我遵照政府規定去做，家屬也能理解，就該堅持做對的事情。

否則花錢花時間上那麼多的課，累積積分，讓政府查核是為了什麼？當然是為了能正確地給予個案真正需要的協助和服務。儘管，這表示可能會被嫌棄、被討厭、不被理解和接受。

曾經，我被怒吼過：「政府根本不懂我真正的需要。」此位為一位四肢還不算太過無力，可使用手機可自行吃飯，但洗澡時也是要幫她搓好洗滿的代班個案。

這位個案在做癌症治療，出院在家療養。我去代班時注意到她的皮膚有些脆弱，用沐浴球搓洗的時候要輕輕的，不建議她沖水時再搓揉第二遍。但很要求清潔度的個案，堅持要再搓洗一次。

該告知的我全都告知了，家屬也同意，於是我從善如流。

過程中，我一面協助一面觀察她的動作。當我洗的她不滿意時，該個案會自己再搓洗數次，就和捲髮奶奶一樣。於是我就會放慢動作，漸漸退開，讓她自己洗。

然後，當她注意到我拿著水瓢在旁邊等她搓洗完畢，沒有繼續幫她搓洗，便開口讓我繼續服務，我再一次衛教長照服務的宗旨時，那句「政府根本不懂我真正的需要。」的怒吼就出來了。

我不再說明，走上前，主動快速地完成沐浴的流程。

對方已經動怒，無須再說些什麼。

道不同不相為謀。

同時我也明白她生氣的對象，並非我這個萍水相逢的陌生人，而是某種積存在她內心中的憤怒。

可能對社會的不滿，對生病的無力等，於是藉著讓他人付出過多的服務來補償自己的不平衡。

她的情緒不是我的情緒，我僅需提供專業的協助，維護對方的安全即可。

居服員是一份專業。

我想提供的是遵照政府規定，符合個案需要，且真正對個案有益處的專業。

以上皆不難，工作只要願意做誰都能學得會，做得熟練。

但當我們面對的是活生生的人，就有隨之而來的情緒、喜好等與人相處才會遇到的情況。

我相信唯一的解答是維持專業，並設定好界線。

不要彼此不分，不要自以為是個案的好朋友就多做或少做，一旦發生意外，個案絕對只挺自己和家人。

切記，居服員自始自終都是外人。

同時，情緒沒有好壞，它是一道海浪，起伏之後，終究會歸於平靜。

在維持專業的路上遇到這些情緒海浪，有時會被勾起情緒，我告訴自己放手，讓情緒流過。

老實說不太容易，因為總有人以為多凹一點，就多賺一點。但他們不知道，真正凹掉的是健康、情分和緣分。

多做一點其實不算什麼。事實上，居服員的工作常常都需要多做一點，才能更好地維護個案的安全與健康。

我有某位陪同外出的個案，為了能提前上車，提前抵達醫院，我常早十多分鐘抵達，協助提醒個案吃藥、戴口罩、外套、帽子、拐杖，提前從皮夾拿出愛心卡，確定放在他的襯衫口袋，再送個案上車。

更別提疫情嚴重時，進場前穿好雨衣，幫忙家屬用消毒水消毒桌面傢俱等。

我不覺得這些是多做的服務，只要是合情合理，真正對個案好，加強個案安全且我能配合得上的工作，我都願意嘗試看看。

但這不代表可以隨便凹、罔顧專業，甚至踐踏協助。

寫到這裡，可能有人想問：「妳怎麼都遇到這種個案？」

沒有唷，和我有緣分的個案都很自重自愛，我們彼此尊重。

他們都很努力地維持原有的身體機能。就算行走得拄拐杖，走不到幾分鐘就得休息，但恢復體力後，仍會不厭其煩地推著輪椅去走操場，維持肌力。

有一位高齡九十幾歲，曾經罹癌的個案。她在家也常常擦擦這裡，掃掃那裡，就是不讓自己一直坐著不動，而身體就是這麼老實，怎麼訓練，就怎麼給予支持。

所有的個案皆為我最好的導師，我在他們的身上習得許多維持生活的經驗，包括做人處世的祕訣。

很多時候，我都覺得並非我單方面的協助他們。在這幾位人生大前輩面前，居服員的協助其實很基本：顧到個案的身體安全。

簡單說，居服員只是進去填補一段家人暫時顧不到的空白，協助個案安全。

這點，人生前輩們比我還要清楚，也懂人情世故，彼此尊重，也因此我們相處得非常愉快。

服務久了，常常覺得我們是互相同行一段時間的夥伴。有緣分的夥伴。

代班的最後一天，協助沐浴時我與捲髮奶奶再一次上演到底應該是誰洗的戲碼，我依舊心平氣和地再次和她說明，居服員是來提供協助，而非取代個案原有的功能。

奶奶不服氣地問道：「妳做居服員做多久了？」她一臉不相信我是有經驗的居服員，絕對應該是我洗，她才是對的樣子。

「一年了。」我淡淡地說。

奶奶欲言又止。我知道，她覺得我很不專業——不是她要的「專業」，所以認為我是初出茅廬的新人。

誰洗都無所謂，我心想。重點是，奶奶，自己洗，才真的對妳有幫助。我只是不想讓妳的肌力消失得太快、太早。在這段給自己洗頭洗澡的過程中，同時活動肢體、活化腦力。

妳不知道也沒關係，我無愧於心即可。

遇到性騷擾

我不想認輸，
我想從中習得經驗，然後變得更強大。

居服員新手上路第一個月，我被性騷擾了。

不知道大家是否曾聽過，有的人手一握到方向盤就性格大變，也就是所謂的「怒路症」。言語上性騷擾我的爺爺進浴室前和浴室裡簡直判若兩人。

這位爺爺經過專業評估，確定他的手可以洗到前胸、下腹、臉部、大腿和私密處，其餘的後背到屁股，小腿到腳底需要居服員協助。

確定流程後我便進場服務了。

第一天爺爺都自己洗得好好的，包括洗澡前自行脫磁力項圈、鋪棉背心、毛背心、上衣、長褲都ＯＫ。洗完澡後把這些穿回去也僅在穿長褲的部分需要幫忙拉一下注意爺爺的安全，以防跌倒而已。

第二次開始，扶爺爺進到浴室，坐在椅子上，他突然攤開雙手，跟我說他的手沒力，然後一直抖。

當下我真的無法判斷他是真的手沒力還是怎麼的，但考量到爺爺才剛散步結束，扶了半個小時的助行器，或許今天真的比較累，於是我便一面幫忙脫衛生衣，一面以輕鬆的口吻鼓勵爺爺盡量自己洗，在安全溫暖且坐著的環境中洗澡，可以順便活動肢體，是很好的運動。然後動手清洗爺爺的全身，除了私密處。

第三次上班前，我告知督導昨天的情況，督導也是說要繼續鼓勵爺爺自己洗，才能維持原有的生活能力。但爺爺又是一進到浴室就手抖說「沒力」，我看到他兩手一攤，整隻手都在發抖，寒流又來了，實在不希望他感冒，於是我繼續衛教居服員是來協助，並非幫個案全都做好好，以免個案漸漸遺忘怎麼幫自己洗澡。

爺爺生氣地說：「妳洗嘛！」

我不想在浴室和他吵架，或是勾起更多不好的情緒，免得他血壓飆高，於是我還是洗了，僅避開私密處。

結果，爺爺突然小小聲地說：「妳是不是很怕我的小ＧＧ？」

我當場愣住，慌了，不知道該怎麼辦。

「妳是不是很少看到？」爺爺又問。

於是我腦袋一片模糊，稀里糊塗地就幫爺爺洗私密處了（當然有戴手套，並用沐浴球洗。他老人家對戴手套幫他洗澡這件事情可是很有意見，此乃題外話，暫時不提）。

從這天開始，爺爺就全部放手讓我洗，在過程中時不時說些：「蛋蛋也要洗」、「蛋蛋沒洗乾淨」、「洗用力一點」、「屁股沒洗乾淨」。並且他的小ＧＧ也開始醒過來，醒到九點、十點都有。

我也在過程中觀察爺爺是不是真的「沒力」。

果然，洗完澡後，爺爺依舊擁有把三件上衣、一件褲子，和磁力項圈戴上的力氣，可是一進入浴室就只會兩手一攤說沒力。事情真的很不對勁。

我覺得越來越不舒服，胸口很悶很重，睡前都是爺爺那些令我不舒服的話，得吃抗焦慮和安眠藥才睡得著，甚至出現按爺爺家的門鈴前，雙手會發抖的症狀。

禱告後，我靜下心，寫了一篇這一週內的觀察，以及我不舒服的感受的長文，Line給督導。

這次進場服務性騷擾爺爺時，督導和主任便陪同我一起進浴室，全程協助爺爺。他們當場確定爺爺真的如我所言的有體力。就像進場服務第一日的時候一樣，幾乎都能自己洗，只有搆不到的後背、小腿和兩腳需要協助。

此時，我才第一次意識到我好像被性騷擾了。

那團一直悶在胸口的硬塊，這才緩緩融化，變成一股委屈、憤怒和不解的複雜情緒，塞滿了我的胸口。同時，我也很高興，因為大家都看到了，爺爺是可以自己洗的，並非我空口說白話。

之後，爺爺依舊故我，我再次回報，主任評估後，決定結案，把爺爺的案子轉給別的單位，老闆力挺也同意，還私訊我辛苦了。

主任趁機給我機會教育，性騷擾是零容忍，不用擔心沒案，**居服員的安全才是最重要的**，並加強衛教如何保護自己、如何在第一時間就拒絕，畢竟日後也是有可能遇到類似的情況。

我覺得我真的進到很棒的公司，很感謝主。

這是很寶貴的經驗。當然，能不要遇到最好，但既然遇到了，就像主任說的「把心鍛鍊強大」。

可惜，事情還沒有完結，因為政府規定盡量得等個案找到下一位居服員才能停止服務，所以我繼續協助沐浴，而這四天內爺爺依然故我，實在令我身心俱疲。

我不和他起衝突，繼續做該做的，不該做的絕不碰，其餘冷處理，並靠著默默在心中唱詩歌撐過去。

我不想認輸，我想從中習得經驗，然後變得更強大。

儘管每次結束服務，坐在機車上時我都忍不住哭了，也會生氣地想把爺爺的某個地方給喀嚓掉。

直到當天下班收到督導傳來的Line訊息，爺爺下週一轉其他單位，提早結案。是的，事情終於結束了。

但我心中的難過、委屈、憤怒和不解沒有消失。

除了氣爺爺，我更氣自己當下怎麼沒有第一時間就制止爺爺。直接對他說：「你剛剛講的話讓我很不舒服。」於是爺爺便得寸進尺。

這時，我真是對那些描述自己遇到性騷擾時，無法在第一時間作出反應的女子感到深深的同理。

是的，我也是，當下真的慌了。

然後呢？

現在在心中浮現的是疑惑。

回想起來，爺爺在過程中一步步地試探，然後壓制我，讓我不得不聽他的話，直到我發現不對勁，告知主任，主任直接衝過來，並當著全家人的面把事情攤開說清楚。

除了男人的劣根性和小GG的本能反應之外，我更想釐清的是，明明事情已經讓全家人、督導和主任知道了，為什麼日後服務時，爺爺還敢繼續在浴室裡說那些情緒勒索和性騷擾的話？

我覺得爺爺在浴室就變了一個人。除了他的心態錯誤之外，可能也與爺爺剛出院有關。

爺爺自述住院前他身體不錯，每天走操場兩個小時。跌倒的時候，他說自己命大，剛好有兩個警察在旁邊，幫他叫救護車，及時送醫。出院第一天爺爺試著自己洗澡，覺得不行，第二天之後就都請奶奶洗，並且全部幫他洗好洗滿，自己完全不用動手。

會不會爺爺在沐浴這方面，已經習慣有人幫忙洗全部？

爺爺即便知道政府規定居服員是從旁協助長輩，並非全部做好好，以免長輩退化得太快，失去原有的生活能力。他的孩子也當著所有人的面和爺爺一一說明，他仍聽不進去，依舊故我。

「不管這麼多啦！」爺爺揮揮手，讓主任別再廢話。「我已經是九十好幾的人了。老實說，我還想多活兩年。我就是要居服員全部幫我洗好好。」

主任當著所有人的面問爺爺兩遍，他的回答也一樣。

主任看了我一眼，用眼神示意：談到這裡就夠。

我點頭表示同意。

事過境遷，我默默自問：我想如何「活」我的人生？

人都會老，總有一天生活無法事事自理時，便需要尋求協助。那時候，我希望能做一個思想柔軟的人。與時併進，有敞開的心胸去學習、瞭解現在的社會，現代的長照2．0甚或未來的長照3．0內容為何如此設計？並以勇氣去實行、以謙卑的心去接納自己的真實現況。

現在，把這段歷程寫下來後，我覺得好多了。那團困著不舒服，逐漸累積在胸口的鬱悶硬塊，雖不致消失，幸好減輕一些了。

服務爺爺的最後一天，我拎起工作背包，正要關上爺爺家的鐵門時，送我離開的奶奶突然很不客氣地問：「妳一天洗幾個人啊？」

老實說，對方的語氣真的讓我覺得被冒犯了，也覺得對我服務的其他個案不太尊重。

這次我不慌不擔憂，冷靜地回覆：「奶奶，掰掰。」我說，並闔上門。

我相信這位個案讓我變得強大，不失柔軟度的強大。

附記：

此後，我在上《性別敏感度和長照法規》的課程時，上課老師說失智症長輩因腦部退化，使他無法抑制自己的行為，所以有時候會做出性騷擾（口頭或肢體）的舉動。最後也稍微提到關於老人性需求以及性治療師等資訊。

我才知道，原來失智造成的言行和肢體失控，所呈現出來的情況也有可能是性騷擾。

當然，我不是醫生，不確定性騷擾爺爺是突然發作？還是每次在和我一對一服務時才失控？我能確定的是他只對我這樣，否則在督導一起進浴室看我怎麼服務他時，也應該出現同樣失控的情況，但就是沒有。就我觀察，爺爺也沒有如此對待同住的奶奶。

這真的很難判定，我自己也猶豫掙扎評估許久，我也不想誤會爺爺，但在當下不舒服的感受和心情是真實的，而我也不想一直壓抑自己的感覺。

和前輩同事請教時，她們傳授不少祕訣給我。像是站在個案的身後服務，鹹豬手就碰不到了，以及在第一時間就嚴詞拒絕，馬上回報督導等。

前輩同事也悄悄和我說，有的居服員不介意被開玩笑甚至吃豆腐。對這類型的居服員來說，長輩腿腳無力，根本做不到實質上的侵害，就只是開開玩笑，反正事情做完就打卡下班。

每個人對性騷擾的判定和感受不同，我也明白失智症個案可能會因為大腦退化而出現失控的行為，需要再就醫，以及背後還能延伸出關於老人性需求等各方面更深層的原因。

但以上辨別對一個小小的居服員來說，好難，真的太難了。

或許有人會覺得我太嚴肅了，遇到爺爺口頭上性騷擾，請他找他老婆解決就好啦！或是當場給他說回去，像是：「男人的蛋蛋我不知道看過多少了，你這兩顆皺巴巴的沒什麼好嘴（以上為我的好朋友的說法）。」

抱歉，我就是這樣嚴肅耿直，很不會已讀亂回的人。

幸好，長照服務是一個團隊，立刻回報，主管及時介入處理，相信便能做到一定程度的停損和輔導。

居服員服務個案遭遇性騷擾處理流程：

1. 如遭遇性騷擾（口頭或肢體）須及時通報督導，保護自己並安全離場。
2. 機構主管開始介入並進行相關處理，須盡到糾正、輔導等補救措施，必要時將協助停案、轉案。
3. 協助居服員進行提告或申訴等正當流程和管道，並進行性別敏感度再教育、心理輔導等資源轉介和輔導。

參考資料：《立法院全球資訊網——長期照顧服務員遭受性騷擾》議題研析專文。

復康巴士的司機先生

先考慮雙方的立場，有機會的話好好談一談，
相信一定能找到兩方都能接受的處理方式。

復康巴士對於年紀越來越大，每月甚至每週都需要去醫院的長輩來說，是很便利且划算的交通工具。

家門口接送，少去下雨等車的麻煩，無須走去公車站站牌，也不用擔心腳力不足，等車的時候可能會因腿軟無力跌倒。尤其坐輪椅的長輩更需要復康巴士，因為一推就上車了，在車上時固定好輪子即可，無需費力移位，輕鬆簡單。

政府的德政，讓長輩們坐車時能用愛心卡支付車資，車資還打折，實在非常照顧老人家。

我從來沒有想過這麼方便的復康巴士，有天會造成我的困擾和個案的危險。為了怎麼跟巴士司機談這件事情，我在睡前禱告了兩個多月。

起因為司機先生遵從爺爺的意願提前把車子停在巷口，而非爺爺家，好讓他自己散步回家。

「司機先生，麻煩您一定要送到爺爺家門口。爺爺剛洗完腎，容易低血壓和頭暈，麻煩您了。」

我每次每次都不厭其煩地交代，但每次每次司機都讓爺爺提前下車。

「爺爺說開到巷口就好，他想走一走。」司機先生一臉我怎麼違抗長輩心意，硬是不讓老人家散散步、晒晒太陽的表情。

「沒有關係啦，今天天氣這麼好，走一下沒關係。」爺爺雙腳顫顫巍巍地坐在後座說。

我在心中翻了個大大大白眼，然後深呼吸。保持冷靜地說：「司機先生，請你開到爺爺家門口。他女兒預約的時候，有註明是門口，沒有錯吧。如果你覺得巷底很難倒車退出來，麻煩請您用巴庫（後退）的方式開進來。」

語畢，我一口氣把車門拉上，不給爺爺和司機再說些什麼的機會。

我不怪爺爺，因他有些微失智了，注意不到自己的身體跟不太上了。爺爺家在二樓，狹窄的樓梯根本沒有多餘的空間讓我扶他走上去，這段路只能靠他自己。一旦洗腎爺爺的腳力因他所謂的「散步」用盡，稍後他爬樓梯會更累更沒力也更危險。更別提洗腎爺爺有次堅持從巷口散步走回家，走不到一半就說頭暈，坐在路旁的ㄇ型護欄，休息好一會兒才緩過來。

我不怪司機先生，因為他不知道爺爺的真實情形。所以我只能無奈地當壞人、扮黑臉，並默默祈禱爺爺平安返家，也希望司機願意聽勸。

因為屆時真的發生萬一，我的責任很少，因為當下我有堅持並告知注意事項，也有回報機構和家屬。司機先生就可能會被究責了，畢竟他女兒預約時，有特別註明是開到巷底的家門口。

希望司機先生對居服員能有多點信任就好了。

可惜我和司機交流的時間有限（他有他的班要跑，我有我的長輩要顧，彼此都在上班時間），能不能順利達成共識，實在沒把握。

每個人都有其苦衷和原因，先考慮雙方的立場，有機會的話好好談一談，相信一定能找到兩方都能接受的處理方式。吵架無法解決事情。與其改變別人，改變自己還比較快和輕鬆。

一直以來，我的觀念皆是如此。

之後詳細地與督導談這件事情造成的困擾與危險，督導再與家屬談過後，家屬說會於預約復康巴士時詳細告知。督導則是讓我下一次去服務時再觀察看看情況有沒有改善，如有需要，可以告知司機爺爺的身體狀況。

時間一點一滴過去，我和爺爺坐在醫院大廳等復康巴士來。

好不容易看到一臺白色復康巴士開上大廳前的緩坡，我立刻跟爺爺說我出去問一下，看是不是他家預約的車子。爺爺點點頭，坐在原位等我。一如以往的模式。

我走上前，戴著棒球帽的司機搖下車窗，問我是不是洗腎爺爺，我說對，然後趁司機下車時告知他，如果爺爺今天說想從巷口走回家，請他堅持一定要送到爺爺家門口，如果覺得巷底是死路不好開出來，可以巴庫（倒退）慢慢開進去，早上來接爺爺的司機也都是在巷底爺爺家門口前的位置等爺爺上車，沒說出來的言外之意為：「早上來接爺爺的司機也都開進巷底了，麻煩你也比照辦理謝謝。」

「啊？為什麼一定要這樣開？按呢我很難出去欸，那邊車子很多不好開。」

司機的口氣有點衝，很不耐煩，我深呼吸，讓自己不要隨著對方的情緒起舞。同時大概知道為何這兩個多月司機們都同意讓爺爺提早下車，應該有部分原因是因為死巷底不好倒車出來的關係吧？

我只好加強解釋：「爺爺剛洗完腎，有低血壓的情形，之前也曾發生過走到一半就腿軟頭暈的情況，所以麻煩您一定要送到巷底他們家的後門門口。」

「啊為什麼不是前門？預約的時候只有寫某某號的門口而已啊。你們也太麻煩了吧。」

「爺爺家在後門，那裡才是他家出入的門口。家屬說他在預約巴士的時候有特別註明是後門門口。」

「哪會這麼麻煩。」

頭戴棒球帽的司機先生滿嘴嫌棄，氣呼呼地拉開車門。

我繼續在內心深呼吸，和自己喊話說，爺爺的人身安全最重要，司機的情緒不是我的情緒。然後返回大廳接爺爺上車，幫他扣好安全帶，再走下車。

「妳沒有一起坐喔？」司機先生又問。

「我會騎車跟在後面。」

「那如果妳比我晚怎麼辦？」

司機先生的顧慮也是對的，機車怎麼可能騎得贏汽車，但我該告知的都有確實轉達了。

「我會盡量和你們一起到。」

確定洗腎爺爺坐好後，我便前往停車場。

騎車返回爺爺家的路上，我一面禱告主，一面盡量在安全的範圍內騎快一點，因為我真的很擔心爺爺又說要提早下車，好散步回家。

「一定要多活動，人不能走就完了。」洗腎爺爺常這麼說。

所以我真的可以理解爺爺為什麼每次都想從巷口走回家，他想要散步，鍛鍊一下腳力。但是，剛洗完腎的人真的很虛弱，這時候真的不適合散步。更不要提爺爺散步完之後還要爬樓梯回家。

一階一喘地慢慢走上去，中途還要休息一下，如果從後面扶他（爺爺家的樓梯很窄，只能站一個人），立刻就會說：「不用扶，我沒事。」然後把我的手揮開。

這段看似不長的階梯路，才是真正需要體力的時候，所以我不希望爺爺還沒爬樓梯前就把體力耗盡了。

轉彎，再轉彎，終於騎入爺爺家的巷子，當我看到復康巴士慢慢巴庫（倒退）開進巷底，我真的真的很開心，滿心感謝。

停好機車，巴士也停了，我立刻拉開車門扶洗腎爺爺下車（當然他又說不用扶），然後和同樣下車的司機先生說謝謝。

「爺爺家後門到底在哪裡？」他表情有點尷尬地問。可能意識到剛剛在醫院外說話的口氣太衝，有些不好意思了吧。

我裝作什麼事情都沒發生，指向某間拉開的鐵製後門。

「啊為什麼不能從前門走進去？」司機先生又問。

我聳聳肩。「我不知道。從開始來服務時就是從後門出入。」

頭戴棒球帽的司機嘆了口氣，終於沒說什麼。

我和爺爺再次和司機道謝，他也說不客氣，回到車上，發動，巴士駛離巷底。

「來，爺爺，我們回家吧。」

「好。」

已達三十多度的這天中午，體虛且因洗腎造成怕冷，所以仍穿著鋪棉厚外套的爺爺，拄著拐杖，一步一步地走向那道費力且真正危險的樓梯。

我再次在心中禱告，願主祝福爺爺有夠用的體力和腳力，能平安爬上樓梯，坐在他的安樂椅上，好好休息。同時也謝謝復康巴士的司機，儘管一開始有些情緒，後來願意配合服務，真的很謝謝他們。

附記：

服務洗腎爺爺已經兩年多了，除了剛開始使用那幾個月，後來復康巴士都一律開進巷底後門口，再也沒有發生類似的情況。

同時，終於和司機先生們比較熟的我，在合適的情況下和他們閒聊，原來他們都記住洗腎爺爺了。甚至會在爺爺對我無理發脾氣（不要扶我）時，出聲緩頰。

讓我覺得當初有試著溝通真是做對了。

還記得那天，一輛復康巴士剛停在醫院大門外的車道上，車窗便搖了下來，戴棒球帽的司機先生遠遠地和尚未走到大廳的我和爺爺揮手。當下知道今天輪到他送爺爺回家的我，也開心地和他揮揮手。

「爺爺，預約的巴士到囉。」

「妳怎麼知道？」爺爺詫異地問。

「司機認出你啊！他在門口跟我們打招呼，你看！」

我指向遠遠的醫院大廳外，司機先生正巧下車，打開門，將長輩上車時可使用的拉環拉至敞開的車門外，好方便使用，並等待爺爺一步一步走上車。

圓滿的緣分

在緣分盡了之前，
適時地表達謝意和善意。

誇誇爺爺並非機構的新個案，乃是前輩要離職了，經過督導分配和家屬同意後，轉為給我接手的原有個案。

前輩離職的前一天，她帶著我進場實習，細心講解整個流程，我有任何問題都能得到很切合需要的解答，著實減輕了我在承接新個案時的擔憂和壓力。

老實說，我覺得居服員最辛苦的地方，便是一個人進場服務。

儘管第一次進場有督導全程陪同，說明基本服務流程，家屬和個案也會告知個案的習慣和希望的服務方式，居服員進場的頭幾天仍需要建立起一套屬於自己的服務流程，並和個案培養基礎信任，此乃必經過程。

所幸，這回有前輩帶領，提高了我服務誇誇爺爺的適應度，很快進入狀況。

誇誇爺爺乃現今碩果僅存的九十歲以上的老兵，身體各方面都滿硬朗的，重聽嚴重，尚可溝通，只要靠近他的左耳大聲說話就可以了。

每次陪同外出結束後的陪伴服務，就是我和爺爺的聊天時間。

通常我會先從今天開始問起——別考驗失智個案的記憶力。

「爺爺，今天睡得好嗎？」我貼近爺爺的耳朵問。

「蛤？」爺爺也朝我這邊側頸聆聽。

「睡得好不好？」

「好，睡得好。」爺爺終於聽懂。

「中午吃飯嗎？」

「蛤？」

「中午吃飯嗎？」

「對，吃得也好。」爺爺點點頭。

「中午吃飯還是吃麵？」

「蛤？」

我回想一下，剛剛經過廚房，看到餐桌放著沒吃完的炒飯，決定換個方式。

「中午的炒飯好吃嗎？」

「對，吃飯好。」

大聲說話說到有些累的我，決定休息一下，晚點再和他聊天，爺爺卻自己開話題了。「我有三個孩子。都大學畢業結婚了，住在上面。」爺爺指的是透天厝的二、三樓。

「爺爺，你和你孩子都很棒欸。」我說。

「那個時候，上面的不給我們結婚。」爺爺表情有點嚴肅地說。

上面的？我思考了一下爺爺的背景，推算孩子的出生年代，推測他指的應該是跟國民黨來臺時的軍中長官吧。

「為什麼？」我問。

「不知道啊。長官說什麼就是什麼。後來越來越多人問，就可以結婚了。」

「太好了。」

爺爺緩緩豎起食指和中指，比出二。「只准生兩個孩子。」粗壯的指關節無法完全伸直，證明他退休前曾經苦幹實幹過。

「蛤？」這次換我了。「可是，爺爺你剛剛說你有三個孩子。」

「後來又可以生啦。」

「這樣啊……」爺爺你也說快一點。不過，「為什麼只給生兩個孩子？」

「蛤？」爺爺問。

我又問了一遍。

「不知道。長官說的。」

「也太蠻橫了吧，好不講理喔！」那個年代避孕又沒那麼方便，後面這句話我就只在心中吐槽了。

「現在很好，做什麼都很方便。」爺爺對我笑了笑，然後豎起大拇指比讚。

「妳也很棒。」

「爺爺，你也很棒。」我也有樣學樣地比讚。

每次和爺爺聊天，都以互相稱讚結束。

我不知道是個人修養的緣故，還是因為經歷過很苦的戰爭，幾乎身無分文地來臺灣的關係，目前我服務的兩位領終身俸的老兵，都是心懷感恩的人。口頭上的「謝謝」從進場服務開始就沒停過，重聽那麼嚴重，卻不曾因此省下表達謝意的行為。

而我自然也是「謝謝」和「不客氣」連發。

有時候兩個人謝來謝去，謝到家屬都看不下去地相視大笑。

那天，準備推爺爺出門散步時，突然聽到零錢在口袋叮叮噹噹的聲音，擔心錢太重，影響爺爺穿脫褲子的我，正想著要怎麼勸爺爺改放紙鈔在口袋時，正在幫爺爺的水壺裝水的奶奶，突然說：「他喔，明明都沒有買東西，等一下妳推輪椅帶他出門也不會去買東西，偏偏就愛從我的錢包拿錢，真不知道在搞什麼。」

我看著爺爺戴上最愛的那頂繡有梅花和國旗的帽子，思考了一下，和奶奶說：「應該是有安全感吧。我爸也是跟蔣公來臺的老兵，他們那個年代很苦，不太信任銀行，身上有點錢總是比較安心，我爸也是這樣。」

奶奶不太相信地說：「是嗎？可是他早就不買東西了，家裡什麼都有。以前還會買個冰棒或飲料，現在他也不吃啦！每次都帶這些有的沒的，根本用不上。」

感覺到奶奶心中的疑惑和不滿，似乎很難設身處地的理解誇誇爺爺的行為，我決定換個方式，用說故事的方法和她說。

「其實啊，我爸他中風住院的時候，醫生建議我爸轉院去長庚。轉院得先結清醫藥費。可是我那時候才剛開始在便利商店上班，根本沒存款。我爸中風傷到的是語言系統，拿白板給他也寫不出字，沒辦法問出郵局提款卡密碼。奶奶，妳知道嗎？最後我在他的房間翻箱倒櫃才找到我爸藏在床頭櫃的一捲紙鈔，記得好像是十萬吧。幸好有那筆錢，我爸才能順利轉去長庚，也能雇醫院的看護，不然我根本生不出錢來。」

奶奶驚訝道：「沒有親戚朋友可以幫忙啊？」

我苦笑搖頭：「我爸是老兵，親戚都在大陸，別打電話來要錢就不錯了。聽我爸說，大陸的親戚每次打電話來說爺爺奶奶要看醫生沒錢，他就寄藥過去，說這樣做對爺爺奶奶才真的有幫助，寄錢根本不知道會不會用在老人家身上。然後叮囑我一輩子都不要回去，聽說我爸老家的祖厝經過十年文革早就沒了，祖墳也被刨開了吧好像。」

奶奶心領神會地說：「也是，妳爸媽在妳那麼小的時候就離婚了。跟媽媽那邊的親戚也沒聯繫？」

「沒有，我媽是養女，十八歲就被養母趕出家門了。」我嘆口氣，回歸正題。「所以爺爺應該是為了安全感吧。這樣他出門才放心，等一下我們換成紙鈔，比較輕，這樣爺爺上廁所的時候不會卡到，比較安全。」

奶奶思考一會兒，贊成地點點頭。「好。我來拿錢。」

見奶奶的態度比較軟了，我趁機湊近爺爺的耳邊，放聲轉告，奶奶要用紙鈔和他換零錢，誇誇爺爺笑得好開心。

口袋有紙鈔後，爺爺開始主動提議要去便利商店買飲料喝，然後像小孩子般一瓶一瓶檢查現在出什麼新的茶，和我聊今天喝哪一款，下次要喝哪個限定版，也問我有沒有推薦的口味，但我比較愛喝水，所以反過來讓爺爺推薦。

奶奶知道後非常非常開心，他們早為爺爺不愛喝水不愛喝湯，很少上廁所，尿量太少，被醫生警告而傷透腦筋。

自此之後，陪爺爺在河濱公園樹蔭下喝飲料（我喝水），一起聽溪水潺潺，一起看綠葉搖曳，一起和路過的人和狗狗打招呼，一起聊天，成了我陪誇誇爺爺時最珍貴的時光。

離別的時刻總是來得特別快。某次服務結束後，膝蓋曾開過刀的奶奶特別送我走出前院大門。矮小且駝背的她，昂起頭，拍了拍我的手臂。「小姐，我真的很捨不得妳。」

從奶奶的語氣中察覺氣氛不對，我訝道：「怎麼了嗎？」

「我們家決定以後要請外勞了，現在正在面試。妳真的把爺爺顧得很好，我一想到以後不是妳來，就很捨不得。妳對爺爺很用心。謝謝。」

我愣了愣，快速思考了一下，發現現在說什麼都不適合。

一來，在服務過程中注意爺爺的身體情況和需要，本來就是我的職責；二來，爺爺曾經在家跌倒數次，奶奶年事已高外加膝蓋有舊傷，孩子和孫輩都上班了，他的確需要二十四小時的照顧。

於是，我僅回覆：「謝謝。」

做這行遇到請外勞而停止服務是常態，我很習慣了；她說這些感謝的話，我當然很開心自己的付出得到肯定，於是，也回以謝意。

想來，這個家的風氣就是這樣吧。不吝於稱讚，也不吝於道謝。這都源於他們有用心觀察，也樂意將心中的感謝傳遞出去。

好比誇誇爺爺的：「妳好棒。」

奶奶的：「捨不得。」

偶爾和奶奶換班的媳婦，則是會在我下班時，一句又一句的「謝謝」連發。

每次進場服務我都覺得如沐春風，心情舒暢，服務起來格外有勁。氣氛平和的家庭環境，個案的心情也容易穩定，不急不躁，跌倒和失智造成的躁動機率也會變低。此乃雙贏。

兩週後，家屬找到合適的外籍看護而停止服務了。

最後一天進場服務，打卡下班前，奶奶俯身，貼近爺爺的左耳和他說：「明天外看就要來了。今天是小姐最後一次服務。」

爺爺依照慣例地蛤了一聲，奶奶正想再說一次的時候，我拿出手機，開啟記事本，將字體調至最大，然後打上：「爺爺，我畢業囉。今天是最後一天上班。」

眼力很好，從未開過白內障，每天看報紙的誇誇爺爺，一字一句地重複我打的字，然後，露出宛若孩童般燦爛的笑容說：「畢業了啊？」

我笑著點點頭：「是啊。畢業囉。」

誇誇爺爺：「以後不來啦？」

我繼續笑著點點頭，並用手機打字道：「明天換外籍看護陪你。」

奶奶也湊在爺爺耳朵邊，大聲解釋。

下班時間到了，我和誇誇爺爺揮揮手，再次和奶奶道謝。

平安順利地結束誇誇爺爺的最後一次服務。

這樣圓滿的結束對居服員、個案和家屬都是最好的收場。

當然，不可能每次都結束得這麼美麗。

有住院後就結案的個案；有降級轉至日照中心的個案；有一開始很喜歡你，但之後越來越不喜歡你，最後轉給別人的個案；也有老愛凹居服員做分外之事，導致被居服員轉出去的個案。

當然，也有在家離世的個案。

居服員這份工作，其中有一部分就是得接受這些「無常」。

如同，前輩同事常說：「有時候，緣分盡了。強求繼續反而兩方都不美。」

所以，在緣分盡了之前，適時的表達謝意和善意，我想不僅能延續緣分，也能讓雙方在這段短短的緣分中，盡量都是愉快平和的。

這份愉快平和，能幫助我們在遇到無常的時候，有足夠的餘裕去面對生死這個課題。

Chapter 2

走入不同的家

囤積的家與天邊孝子們

那些很愛指揮奶奶怎麼照顧爺爺的孩子都是天邊孝子，沒有一位前來認識爺爺的情況，遑論親自照顧過重聽爺爺一天。

「蛤？妳說什麼？」重聽爺爺大喊。

「爺爺早安！」嘴巴極度靠近爺爺的耳朵，我也大喊道。

「喔，早。」躺在沙發上的爺爺意興闌珊的說，打個哈欠，將滑到地上的薄被蓋回來，兩眼一閉，又回到他的夢中。而我，則是挽起袖子，開始今天的服務。

重聽爺爺的重聽非常非常非常嚴重。

「我跟妳們保證，那位爺爺絕對不會幫妳們開門。他那個耳朵啊什麼都聽不到。」說話的是大樓警衛。

進場服務第一天，我和督導在社區大門口等奶奶下來，帶我們進場和爺爺認識，並進行第一次的服務。但奶奶遲遲未出現，Line也不讀不回。十分鐘過去，我們還在大廳等Line回覆，警衛好心地和我們聊起來，原來重聽爺爺在社區很有名。

「去年啊！他家失火，黑煙從窗戶冒出來，煙霧偵測器大響，我趕快通知家屬回來，然後衝上去按門鈴。那個爺爺就躺在客廳沙發上睡覺，手機、電話和煙霧偵測器三個一起響，他動都沒動，我還以為他是不是掛了。媽的嚇死人，還好後來沒有整間燒起來。」警衛餘悸猶存地喘了口氣。

我和督導互視一眼，心想今天恐怕會白跑一趟了。

「沒關係啦！我們還是上去試試看。」督導說。

「妳們要上去可以，用證件和我換磁釦。但那個爺爺絕對不會幫妳們開門。我保證。」

警衛先生說得一點都沒錯，到了爺爺家門外，我們又按門鈴，又打他家電話，兩邊一起響，重聽爺爺還是沒來開門。

期間，他曾一度睡醒，從客廳沙發上起來（對的，爺爺家只有關外側鐵門，內側木門大開，所以可以透過鐵門欄杆的玻璃看到客廳）上廁所，然後又躺回沙發睡覺。完全無視在門外又拍門又按門鈴又叫的我和督導。

「這重聽不簡單啊。」我讚嘆了。

「的確。」督導點點頭。

之後，好不容易重新和奶奶約新的進場時間，這次奶奶也真的出現了，終於能正式開始服務……並沒有，沒人開門的情況依舊。儘管奶奶每次都說她會在家，卻根本沒有一次在家，已經到他家的我不得不一再重複「在門外又拍又叫又按門鈴」的流程。

當然，爺爺依舊故我，他聽不到，怪不了任何人。

此情況直到奶奶把備用鑰匙放在安全的地方，讓來服務的我可以自行取用並歸還才改善。儘管偶爾會發生奶奶忘記把用完的備用鑰匙放回去的情況就是了。

總算可以暢通無阻地進入重聽爺爺家服務了，可惜，這只是第一關，他家的阻礙並非只有進門。第二個難關是囤積癖。

是的，重聽爺爺家的牆面與地板相連處，只要沒有放家俱，統統堆滿雜物。以地層學的角度來描寫，第一層是各式壞掉或仍堪用的矮凳、椅子、三格置物櫃、特大號紙箱之類支撐度和容納度比較夠的傢俱。第二層是各種包包、空寶特瓶、紙箱、壞掉的大同電鍋、水桶、拖把、刷子、禮盒等可以見縫插針疊起來的雜物。最後第三層則是重量輕的塑膠袋、紙袋、包裝空盒、拖鞋、口罩、枯乾的盆栽、年代久遠的布偶、贈品等。

兩間空房內堆的雜物更是直抵天花板，不僅無踏腳之處，有時還會冒出沙沙作響的詭異聲音。

仔細查看，能發現奶奶堆放雜物有她一定的邏輯在裡面。臥房內靠牆矮櫃上數十包塑膠袋裝的是她和爺爺的衣服。浴室洗臉檯上七支各有用途的扁梳，圓梳、氣墊梳、寬齒梳、摺疊梳、四角梳、排骨梳和已經用完加上用到一半的洗面乳並排。廚房桌子下則是洗碗精，菜瓜布，米酒，各種調理包，泡麵，罐裝飲料，調味料，空蛋盒，抹布等有拆封沒拆封，有用過沒用過都混在一起，形成一團雜亂的小世界。

這類早該清理丟棄的垃圾，積沙成塔似地吞吃這個家。重聽爺爺家會失火真的一點都不意外。幸好，目前走路的動線尚存，插座等容易失火的牆面也還沒有被雜物掩蓋。否則我真的很擔心爺爺哪天被這些雜物絆到跌倒受傷。

督導也在第一次進場服務時和奶奶說，在長照2．0裡，居服員只負責掃地拖地，用以維護爺爺的行走安全和生活環境的整潔，這些雜物非我們的職務範圍，奶奶能理解並接受。

但每次在重聽爺爺家打掃，我仍膽戰心驚，因為還有第三關：蟲。

經過一個月的服務，這個家的一房一廳一衛的地板我已經打掃得很乾淨了。但無論我怎麼清潔，仍不敵從其他地方蔓延過來的髒汙。

就我所知，奶奶為了付房租，養活她和爺爺以及時不時回來要錢的不肖兒子（奶奶自述），做直銷的她非常非常忙，所以一開始才會放我們那麼多次鴿子。

她可能沒有多餘的精力時時打掃、丟垃圾和處理回收。這個家的廚餘桶和客廳的垃圾桶常有蒼蠅飛舞。原因很簡單，有廚餘在裡面。炎熱潮溼的臺灣，晚一天丟廚餘就會生蟲發臭，相信大家都很清楚。

老實說，我也沒有每天丟垃圾，廚餘我會放在塑膠袋冰在冷凍庫，有時間才拿去丟；其餘的垃圾則是一週丟一次，回收類的便當盒或裝生鮮的保麗龍盒則是一定會清洗乾淨，才放在垃圾袋中，等集滿了再一起丟。

以上做法都是為了不要發臭生蟲。但被生活追著跑的奶奶恐怕沒這個心力。依我觀察，奶奶一週約丟兩到三次廚餘。廁所的垃圾丟得最勤，因滿得最快，其餘需要回收的物品則被擺在各處角落。

所以在這個家，壞掉的東西只能如化石般堆積，逐漸成為古老地層，各類蟲子在其中滋生也不意外。

只是，我很怕蟲啊！只要是蟲我都怕，包括蝴蝶。唯一稍微可以接受的是蜻蜓，原因我也不解。

打掃時，小強突然飛起；拖地時，蜘蛛忽然橫過；刷廁所地板時，蜈蚣和蚰蜒從排水口爬出來，我都忍不住尖叫，然後深呼吸幾口氣，盡量放膽，用眼角餘光確定蟲子的位置，再用掃除用具和廚房紙巾解決這些無辜的生命。

此時，就很慶幸爺爺重聽嚴重，不會被我的尖叫聲嚇到。偌大的房子內，徒留我一人餘悸猶存地安撫自己。

不知不覺，在重聽爺爺家服務快兩年了。我也從一開始的怕蟲小白，變成怕蟲大白，現在已經可以忍住不尖叫，保持冷靜地處理這些蟲子。

同時，奶奶則是發現了一件事，只要她清出一塊角落，我就會擴大掃地拖地的範圍（當然，仍在一房一廳一衛的範圍內）。我們以一種未曾公開談過的默契，一同協力維持這個家的地板整潔。

可惜，清出來的角落能維持多久，端看奶奶。目前大約三比二，清出三區，然後漸漸地，其中兩區又默默堆起雜物了。

這也沒關係，奶奶有意願整理，無心力丟棄也罷，我的工作內容都一樣。

期間，重聽爺爺繼續在他的夢裡遊盪，彷彿這一切都與他無關，儘管做他的春秋大夢。或許那是一個沒有重聽、沒有重度老花、沒有腿腳無力、沒有失智、沒有肺功能受損的無病無痛的自由世界。

「爺爺，我要下班囉！掰掰。」離開前，我總會拍拍爺爺他的肩膀，湊近爺爺的耳邊，大吼著和他說話。

「蛤？妳說什麼？」他老樣子地大喊。

「爺爺，掰掰！」我老樣子地回答。

「喔，掰掰。」我和爺爺揮揮手，他也舉起手來，我會趁此時，拍拍重聽爺爺的手掌，和他做一些恪守禮節的肢體互動。

我知道，奶奶總是給爺爺弄好午餐就出門了，等她回家，已經超過晚餐時間了。我知道，重聽爺爺還有三個兒子一個女兒，沒有一個住在家裡，雖然過節時會接他去吃飯，但平日毫無互動。我知道，那些很愛指揮奶奶怎麼照顧爺爺的孩子都是天邊孝子，沒有一位前來認識爺爺的情況，遑論親自照顧過重聽爺爺一天。

他們口口聲聲讓奶奶別煮稀飯給爺爺吃，說血糖會太高，也沒有纖維質幫助消化。我問奶奶出這個主意的孩子，今年有沒有和他爸吃過飯？奶奶說沒有。

所以天邊孝子根本不知道他爸牙口極差，連煮軟的葉菜都只是吸一吸菜汁就吐掉，體重太輕，只能靠稀飯補充營養了。

給吞嚥出現困難的爺爺吃乾飯配葉菜，難道不擔心他爸噎到嗎？

天邊孝子不知道，天邊孝子只會出一張嘴，辛苦的人唯獨奶奶。

所以我跟奶奶說，很遺憾妳的孩子不清楚爺爺的真實情況。對一般正常的健康人來說稀飯真的比較容易升血糖。但奶奶相信妳比我更清楚爺爺的牙口狀況，他現在能吞什麼就給他吃什麼，沒關係，真的。

奶奶點點頭，眼眶有些許泛紅，我沒再說些什麼，僅握住奶奶的手。

我知道，爺爺每天都躺在沙發上，因為重聽和重度老花，又拒絕裝助聽器和配眼鏡，所以他完全不在乎這個家變成什麼樣子。當然也沒有看電視、聽廣播等休閒活動，整天就在客廳裡睡睡醒醒，吃吃喝喝上廁所，一天天就這樣過去了。

除了我和奶奶，爺爺沒有其餘會和他互動的人。四個孩子都是天邊孝子。

我曾建議他們家可以去輔具中心借電動床，好讓爺爺更方便上下床，奶奶也不用每次都扶得那麼辛苦。送來的卻是輪椅。奶奶開心地對我說孩子好孝順，輪椅好貴，以後叫愛心計程車送爺爺去醫院會更方便。

但重聽爺爺三個月才回診一次，平日在家拄拐杖行走無礙，床可是天天都用得到啊啊啊！奶奶妳怎麼那麼善良。

以上的話我一句都說不出來，僅笑著恭喜奶奶。會去買不那麼實用的輪椅，完全是天邊孝子對自家老爸爸的狀況一點都不了解啊！而且我明明有寫下輔具租借中心的電話，為什麼不是打電話去租借電動床和輪椅，而是直接花錢了事，根本就是花錢消災——啊啊啊！好氣！

但身為外人的我，也只能盡力做好該做的工作，然後在奶奶需要情緒支援時聽她傾訴，握住那雙勞苦的手。

一開始我有些可憐重聽爺爺，覺得這樣的生活好寂寞。但服務兩年過去，我漸漸發現，這樣的生活雖然單調，卻很平靜。家門外的總統大選、新冠肺炎、倒房潮、通膨、股市破萬點、花蓮地震、天邊孝子的破格舉動等都與他無關。

換個角度想，這樣也不錯啊。過著自己的日子，無須他人定義，自己覺得好就好了。

儘管如此，我還是希望能給爺爺一些人與人的連結。所以，就算每次都是「蛤？妳說什麼？」我也很樂意一次又一次地打招呼，拍拍手。

「下次再見。爺爺。」

六級失智的爺爺

總得等到爺爺說：「我是佮妳講耍笑。」才曉得爺爺像小朋友一樣跟我鬧著玩。

六級失智的低收入戶爺爺，加上智力不足，在工地打零工的兒子，這樣貧困且處處挑戰極限的一個家，天天都過得雞飛狗跳。

第一次進場服務時，爺爺的防備心有些重，垂著頭，用窺視的方式打量我和督導。多聊一會兒的天，多關心他的生活起居，彎下腰和駝背的他對視，確定爺爺不反感，尚可接受後，我微笑問：

「爺爺，我可以陪你玩象棋嗎？」

一直抿著唇，滿臉不信任的他，露出接受挑戰的表情，對我點點頭。

其實我不會玩，也不懂規則。幸好此時此刻的重點並非勝負，而是他願意一起互動。拿出準備好的棋盒，一紅一黑的棋子翻到背面，打亂順序，讓爺爺挑一顆，那就是他今天的紅（黑）王，排好棋子，猜拳決定誰先下。

爺爺總是先走兵，而我便模仿爺爺的棋路。他往前，我也往前，他換出車，我也移動車。兩人就像是在棋盤上跳探戈似地一前一後，一左一右。

下到興致起來，爺爺噘嘴抽菸，我就像是讀懂某種暗號，將玻璃門拉至全開，僅留紗門透氣。

附近散步的鄰居看見了，時不時進來，說著：「著啦（對啦），和他下象棋就著了。」然後安心地繼續散步去。有時候爺爺會留鄰居坐下來喝杯茶，有時不會，看他心情。

每次玩棋我都沒讓過，但每次都是爺爺贏。

「我輸啦！」我舉起雙手做出投降狀。

爺爺緊繃的臉終於放鬆，往下抿的唇角慢慢地往上勾起，像孩子般天真的笑容出現在他臉上。

此時此刻，是六級失智爺爺最平靜、最開心的時間。在這時候勸他吃藥，十次裡能成功個七、八次。

如果這天失智症發作了。別說下象棋，一般的生活照顧都得花上一番功夫。那是一場動員所有親友，耗神費力的拉鋸戰。

尿溼褲子不給換、正值夏天卻拿出冬被喊著要睡覺、突然衝出家門要找某位往生已久的親友、沒付錢就吃水果攤的水果、誣賴我偷錢、健保卡亂藏，用藤條打罵智能不足的兒子，拆敲根本沒壞的衣櫥，每次都搞得人仰馬翻。

親戚鄰居聯手幫忙，最後再用下象棋安撫爺爺的情緒，通常能平靜收場。

可能是對到爺爺的眼緣吧，我來服務後，他開始穩定用藥（兒子叫他吃藥，他是不聽的）。

腳不痛了，心情穩定了，失智症造成的精神失常狀況次數降低。兒子終於可以回去工地上班。渡過磨合期後，我和六級失智爺爺過了一段大致上還算平靜的服務生活。

可惜，意外總是來得那麼突然。

爺爺跌倒了。

那天是週末，我沒去服務，兒子在工地上班，沒人發現。直到晚上七點多，鄰居散步時發現愛心餐還掛在爺爺家門把上，趕緊聯繫住在附近的親戚開門進去查看，才發現他在廁所跌倒，爬不起來。

家屬通知主任，主任則是打電話告知我相關注意事項。明天去爺爺家協助沐浴時，記得檢查爺爺的身體有沒有瘀青、擦傷等情況，以及跌倒後若出現頭暈、腦震盪之類的症狀，第一時間聯繫督導，督導則會立刻聯繫家屬。

講完Line，我默默地跪在地上為爺爺禱告。

此乃當下我唯一能為他做的事情。

服務當天，提早抵達六級失智爺爺家。在前院停好機車，我正要摘下安全帽時，爺爺從客廳看到我了。

他慢慢地走到玻璃對開門前，咖的一聲把紗門鎖起來，隨後，他的身影從玻璃門內側慢慢退開。爺爺家的門為內紗門，外玻璃門。平日只拉上紗門，兩扇門皆不鎖，除非睡覺和外出。

來服務時我通常禮貌性地敲敲門框，打聲招呼，告知爺爺我到了，然後直接拉開紗門走進去，所以一看就知道今天情況不太對勁，評估可能是昨天跌倒的影響。當下我沒說話，也沒動作，直覺第一時間先不要刺激爺爺，他想做什麼就做什麼，人平安就好，沒關係。

掛好安全帽，提起背包，打卡時間到了，先打卡，再戴上手套。

這時，兒子從二樓下來，咖的一聲把門打開，隨即將昨晚獨自一人照顧爺爺的擔憂和牢騷一股腦地全倒出來。

「我和我爸昨天晚上都沒睡，他一躺下就咳嗽，有痰啦！我知道！所以就去買了枇杷膏攪水給他喝。他現在又睡著了。我真的會被他搞死，我都不能上班賺錢了。」兒子氣急敗壞地說。

我一面安撫他，一面走進屋內，在廁所看到爺爺坐在馬桶上，雙眼緊閉，像睡著般嘴巴張大，微微喘氣，但從嘴角流下的不是口水而是濃濃的綠痰。

「你爸這樣坐在馬桶上隨時會跌倒，我們先把他扶出來。」

我拿來助行器，輕聲叫醒爺爺，他吃力地抬頭看了我一眼，很想講話卻講不出來，一直喘、一直喘，像氣喘發作的人般呼吸得非常吃力。

我對爺爺說：「晚點再說嘿，我們先去坐著休息。」

接著和兒子一左一右扶著爺爺的腋下，我的另一手拉緊爺爺的後褲腰帶，慢慢扶他走回客廳。

這時約好今天一起進場的督導剛到，她一看到爺爺便覺得他不對勁。

當機立斷地聯繫主要照顧者（爺爺的妹妹），取得同意，打電話叫救護車。救護車很快就到，救護人員手腳俐落地測量爺爺的情況，判斷需要即刻送醫。兒子滿臉驚慌地提著大包小包跟著爺爺一起坐上救護車，我與督導也騎車跟上。

一路上，我不停跟主禱告，願主耶穌保守爺爺，除此之外，我也不知道該怎麼辦。在生死面前，人能做的事真得太少了。

此時尚值新冠肺炎疫情期間，入住急診室需要辦一連串手續和檢查，費了一番功夫，爺爺終於躺在急診的病床上，抽痰結束，臉上的血色恢復不少，呼吸也沒那麼吃力了。

主要照顧者趕到醫院，爺爺露出放心的表情，巡行的目光看到我後，對我露出想說話的表情，我立刻俯身上前。

「爺爺你說什麼？」我湊耳傾聽。

「我……我是佮妳講、耍、笑（和妳開玩笑）。」爺爺非常吃力地說。

一開始我不太懂爺爺怎麼突然說這話。不一會兒，才會意過來。

剛開始服務他的頭幾個月，爺爺精神好、氣色好、吃得下也睡得著，也願意配合用藥，偶爾跟我搗蛋。但做人做事都太過認真，愣頭愣腦的我，總得等到爺爺說：「我是佮妳講耍笑。」才曉得爺爺像小朋友一樣跟我鬧著玩。

其中有一次便是他故意鎖門不讓我進去，等到我在門外一聲聲地喊爺爺，和他問好道午安，他高興了，就來開門，然後哈哈大笑地說他在和我講耍笑。

這樣做有點幼稚，但爺爺開心，人也平安，沒有跌倒，一切都好。

想通後，戴著口罩的我用力彎了彎雙眼，露出微笑的眼部表情，對爺爺說：「沒事，爺爺沒事。我們都沒事。你好好休息。」

爺爺點點頭，泛紅的眼眶越來越溼。

我握著他的手，想繼續陪在他身邊，讓他安心，可是疫情期間急診室陪診只能留一人，於是兒子留下來，我和督導離開了。

一週後，督導通知六級失智爺爺在醫院過世了。

我泣不成聲。

數天後，剛好工作有空檔，取得督導同意，我騎車前往六級失智爺爺家，他的喪禮辦在家裡。

「我跟妳說啦妹妹，那天就算妳們沒有送我爸去醫院，他也會走掉啦！妳們來服務之前，我爸就已經在廁所坐著睡著好幾次了。」

「這樣啊。」

雖然大致上從督導口中知道六級失智爺爺過世的過程，我仍裝作第一次聽到的樣子回問，好讓兒子有機會把滿腹的悲傷、思念、擔憂統統倒出來。

「那天去醫院，妳們走了之後。就是妳也見過的我爸的妹妹，在急診給我爸簽那個放棄、放棄什麼的。」想不出名稱的兒子，苦惱地搔搔頭。

「放棄急救。」我接話。

「對啦！就是那個。簽好之後就交給他們了。所以爺爺走的時候只有看護在。

我們都在上班，來、來不及……」兒子哭了。

我也哽咽了。

「你盡力了。爺爺現在哪裡都不會痛了。」

「真的嗎？我不知道啦！妳信的教和我們不一樣，我不知道。」

「是真的，我什麼時候騙過你。基督徒不能說謊，我相信你知道的。」

「我不知道啦！」兒子嚎啕大哭。

智能障礙的他，不懂得在人前掩藏，情緒再真實不過。

正因為他不夠聰明，才沒有像他媽那樣早早跑了，笨拙地一直待在嫌棄他，對他不算好，但也給他一個家的爸爸身邊。

我們聊起照顧爺爺的過往，雞飛狗跳的事情太多太多。

我進場服務時，爺爺已經六級失智，不給同住的兒子照顧。因失智而起的不眠、譫妄、抑鬱、躁症、幻覺、妄想、情感失控、拒絕吃藥統統有。常常爆走，狀況百出，心情不好就會打罵兒子出氣。

我居中協調了無數次，天天為這個家禱告，每次都服務得提心吊膽，不知道今天會上演哪一齣，實在是令我傷透腦筋的一位個案。

事過境遷的現在，回憶起來的卻都是爺爺精氣神穩定，贏棋時露出的笑容。

我請兒子允許我在爺爺的遺照前禱告，他在一旁拿香。

我看他眼神有些閃躲，似乎很不想去靈堂，便問怎麼了？兒子悄悄問什麼是頭七。身為基督徒的我對傳統喪禮不太了解，上網查後，得知是第七天靈魂會回來，所以這天不能殺生。

感覺到兒子有些不對，我靈機一動地問：「你在怕什麼？」

「怕我爸啦！」兒子主動解釋道：「妹妹妳都不知道，我爸住院後一直拔管又爬下床，一下床就摔倒爬不起來，他根本就走不動，又想跑回家。護士受不了，我們只能把他綁起來，我爸就一直說等他出院要找我算帳。我很怕啊！」

我冷靜地安慰他：「我跟你說，爺爺在醫院說的話是因為大腦生病了。他現在哪裡都不痛了，大腦也沒有生病了，一定不會怪你啦！他的靈魂已經離開生病的身體了。」

兒子半信半疑地看著我。他很想相信，但智能障礙的他，沒辦法理解這說詞。其實我也不知道自己說得對不對，幸好此時對錯不重要，活著的人才重要。

可我也只是一個遇到個案過世，難過消沉的居服員，這時候到底該說什麼才能安慰到他？

看向天花板，腦袋一片空白，看來只能仰望神了。

我在心中呼求，祈求主耶穌給我智慧和勇氣。

深吸口氣，我豁出去了，轉身面對爺爺的遺照說：「爺爺，我來看你了。你現在哪裡都不會痛了，對吧？太好了。爺爺，我相信你也是愛你兒子，只是你不知道怎麼說。沒有關係，我和你兒子都知道。我也曉得你明白你兒子盡力了。願主耶穌祝福你在天上平平安安，你也祝福你的孩子，接下來也平平安安。」

聽我說完這段話的兒子，先是呆呆地看著我，遲疑了一會兒，有點遲疑地拿起香，看向他父親的遺照說：「對啊……爸，希望你在天上好好的。也要祝福妹妹接下來順順利利，賺大錢。呃……就是工作順利，賺大錢。」

「謝謝。」

我曉得，賺錢對兒子來說非常非常重要，所以這段祝福的話絕對無比真心。

離開前，兒子堅持不收白包，送我走到外院。

「我爸一直嫌我笨。說妹妹妳很好，很聰明。」

我搖搖頭。「聰明和笨不重要。」

想來這應該是最後一次和他談話了，於是我再度重申這段也和爺爺說過好幾次的話。「你看那些騙人去柬埔寨的都是正常人。很多作奸犯科的都是聰明人，結果卻壞事做絕，喪盡天良，到處詐騙。我覺得善良比較重要，然後養得活自己，這就夠了。你已經做得很好了，真的。相信我，基督徒不能說謊的。」

「也是啦！善良比較好。」兒子憨憨地搔搔頭，剛哭完的眼睛和鼻子都還紅通通的，但看到他笑了，我也放心了。

「好啦！你忙完喪禮後，去工地要注意身體唷，小心中暑。」我說。

「妹妹妳也是，小心騎車啊！」

跨上機車，抬頭仰望，灰雲滾滾如浪潮般，漸漸鋪滿整片天空。

「知道嗎？上班不要太拚，該休息就休息。」

某天，給爺爺做肢體關節活動時，他躺在藤沙發上，語氣認真地說。

「不要像我一樣把腳弄壞了。不然老了，腳會很痛，走不遠，哪裡都去不了啊……」

「我知道了，謝謝爺爺提醒嘿。」

他像是嘆氣般地說完這句話後，輕輕地睡著了。

爺爺，現在的你已經離開病痛的身體，哪裡都可以自由地去了。

腰帶奶奶的善終功課

善終，並非從死亡那一刻開始，
而是從面對時開始。

「所以，奶奶妳已經挑好照片囉？」

「嘿啊，就是上次我孫女結婚時拍的大合照。那個帥帥的攝影師很厲害欸，把我拍得很好看，就選那張照片。」

「衣服呢？也選好了嗎？」

「當然要啊。就是某某某那一套。我喜歡那件有一排旗袍扣的上衣。」

「重要的文件也都收好了嗎？」

腰帶奶奶斜睨了我一眼，用眼神說妳問這什麼傻問題，我雖然九十幾歲了但可還沒失智痴呆。

我微笑佯裝不知，等待奶奶的回答。

「有，當然準備好了。」

我點點頭，慎重其事地將雙手放在膝蓋上，上半身往前傾，靠近奶奶。腰帶奶奶感覺到我的表情變得嚴肅，也微微往前傾身，靜待我問出最後一個問題。

「奶奶，最重要的問題來了。」我深吸口氣，緩緩道：「妳女兒知道剛剛答的那些東西放在哪裡嗎？」

奶奶愣了一秒，哈了一大口氣，身子往後靠向沙發。「齁，我還以為妳要問什麼。我女兒當然知道，還是我親自帶她去看放在哪裡。」

「很棒，奶奶。給妳一百分。」啪啪啪我用力鼓掌，非常讚許。

「唉唷，這又沒有什麼。」奶奶不好意思又帶點開心地揮揮手。

不，腰帶奶奶，妳能這麼正面積極地面對身後事，真的很棒。

或許是因為經歷過戰爭的關係，腰帶奶奶做事情總是鉅細靡遺，有次有序，考慮詳細。

原以為行動不便的她，白天一個人在家應該很無聊。聊天後才得知，她早已排滿行程。

腰帶奶奶的一天是這樣的，早上六點醒來時，先不起床，而是在床上做她看電視學到的健康操，雙手雙腳各一百下，確定自己徹底清醒，四肢也比較柔軟之後，再慢慢起床。接下來去頂樓洗衣服，吃早餐、清理準備早餐的流理檯，佛廳做早課，結束後，去晒衣服。不知不覺時間快到中午，已經退休的女兒來家裡和奶奶一起做菜吃飯，吃飽後女兒洗完碗離開。

奶奶會在沙發上睡一下午覺，醒來後做午課，做完午課去頂樓晒半小時到一小時的太陽，同時坐著做一些養生操。

晚餐時間到了，另一位女兒來家裡和奶奶一起煮菜吃飯，吃飽後女兒洗碗，給奶奶量完血壓，陪著奶奶吃完藥後離開。

洗完澡後，奶奶會視當天的精神狀況，若還不錯就再去佛堂做一點晚課，接下來上床做一點養生操，約莫晚上九點前睡覺。

我去服務的時間是下午，這天奶奶就不做下午的養生操，等我服務結束離開後，才去做午課兼晒太陽，一天就這樣過去了。

不曉得大家有發現以上特別的地方在哪裡嗎？是「中午和晚餐時間，兩位女兒都會各自來奶奶家，和奶奶一起煮菜、吃飯、洗碗、量血壓、吃藥才回家」。

雖然沒有住在一起，但腰帶奶奶的女兒的陪伴一點都不少。再加上透天厝的其他樓層也有其他親戚同住，晚輩們晚上下班就回來了。

奶奶極少一個人獨處，同時又保有她的自由和自主性，我覺得腰帶奶奶家算是目前接觸到，家中的照顧模式最貼近個案需要，且顧到她的自主度的家庭了。

其中原因我相信大部分出自於奶奶的教養很好、生活自律、思想開明、和孩子之間的感情基礎深厚。

腰帶奶奶曾經歷過第二次世界大戰。

她說那時家裡賣香，生意好得不得了，每天都有好多人來買香，求菩薩，拜託祂保佑戰爭早日結束。

「那時候食物都是日本人發券分配的。我爸媽領完食物，回家拿給我們吃。我爸會偷偷把錢捲起來，塞在絲襪裡面，纏在我的腰上，叫我穿外套藏起來，嚴格交代絕對不能脫掉外套。」

「哇！這招很厲害欸，奶奶妳爸很聰明欸。」

腰帶奶奶自豪地說：「當然啦！我爸很有手段，當年和日本人交際得很好，那些日本人常常送麵線啦、送鹹魚啦，給我爸帶回家加菜。所以我們家的小孩在當年都沒有少吃的。但還是很窮，所以我會偷偷跑去撿降落傘。」

我詫異道：「為什麼有降落傘可以撿？」

奶奶揮揮手，一副我還太嫩的樣子。「那時候在打仗啊！每天都有砲彈飛來飛去，我先把弟弟們帶去防空洞，然後偷偷跑出去看。降落傘很漂亮欸。注意看砲彈掉在哪裡，把降落傘撿回家，可以做成腰帶、包包之類的，很好用。而且齁，這樣等爸媽回家的時間過比較快。」

我試著理解。「也是齁，那時候在打仗，應該不能上學了。」

「嘿啊！有事情做就不無聊，不會一直想爸爸媽媽快點回家。」

我想，那時才十歲的奶奶，應該就是在這樣的環境中，學習照顧自己和弟弟妹妹們，自己安排自己的時間，而非被動地接受一切。

自律的生活習慣，養成的成果便體現在腰帶奶奶的家，非常整齊乾淨，是我看過最像日本人的家。

桌面上極少雜物，只有最常用的搖控器、保溫杯和面紙。藥盒、血壓器、小零嘴、佛珠、佛經等其餘物品，全都收納在抽屜裡，擺得整整齊齊，一絲不苟。所以奶奶家打掃起來很順手，放眼望去，沒有隨處擺放的雜物。

同時，這也代表奶奶從不買不需要的東西。

「我的錢都是孩子給的，不能亂花。」每次陪奶奶外出購物時，她最常說的就是這句話。

醬油要買義美、米一定要吃臺東生產、水一天要喝四大杯、水果要先從冰箱拿出來退冰、零嘴因為一次只吃一片，所以要選單片包裝，免得餅乾潮溼受潮發霉。

奶奶有許多自律的規定，這一切都幫助她平安無大病地活到九十多歲。

「是自己和家人要吃的青菜、水果和調味料，就算貴一點也要買新鮮安全有機的好牌子。」此乃腰帶奶奶最初教我的養生守則。

原以為這樣倆倆相伴的服務能持續好一段時間，畢竟奶奶雖然在家行走時需要拄拐杖，出門需要坐輪椅，但她的精神、體力、智能都很好，生活起居沒有太大的困難。

直到那天接到督導的電話。腰帶奶奶洗澡時滑倒了，頭撞到地板，送醫住院，暫停服務。目前她還住在加護病房，情況尚未穩定下來。

每晚為個案禱告時，我都會想起腰帶奶奶和我聊到後事都交代好的那天，她曾語重心長地和我說：「我每天做晚課時，都禱告菩薩，請祂快點帶我走。」

奶奶這麼說，我並不意外。她是一位自我覺察度很高，與時俱進，思想柔軟的人。長年念佛的她，口中時常帶著感恩和尊重，日日接收新知。

奶奶很愛看料理和養生節目，並且真的會身體力行地去做來吃，或把老師教的運動融合到生活中。她和孩子、孫輩的感情都很好，才能如此坦然地和女兒談論身後事。

當下，我感覺到她需要一個傾吐對象，理解地點點頭，用眼神鼓勵她繼續說。

「我啊，覺得我已經那個怎麼說……活夠了，可以走了。」腰帶奶奶一臉平靜地說。那語氣中甚至隱含一絲期盼。

「這樣啊，奶奶妳已經準備好了。」我一面點點頭，一面試著想像奶奶離開了，心便覺得酸酸地想哭。

「奶奶，妳離開了我會為妳禱告，但也會覺得……」不知不覺間，我有些哽咽。「……覺得有點難過。」我輕輕深呼吸，微笑，讓自己把情緒壓下來。

「唉唷！不要難過。」奶奶和藹地笑了笑，拍拍我的手。「我去見菩薩了，很好。」那笑容中帶著安息和滿足。

我覺得有點不好意思，居然被個案安慰了，平日都是我在安慰個案，現在卻立場互換了。同時又覺得有些開心，能這樣敞開心胸地和奶奶交流，真好。

謝謝腰帶奶奶的信任。

我不知道奶奶接下來會如何，身為基督徒的我，只知道生死都在主耶穌的手中。能做的僅有好好為奶奶禱告，願神賜給她平靜和平安，也給她的家屬有夠用的精神和體力來照顧奶奶。

我相信奶奶會獲得她期盼的結局。

因她已做好心理準備，能夠坦蕩地面對每一個人都將面對的終局。

善終，並非從死亡那一刻開始，而是從面對時開始。
為了好好死去，現在就得好好活著。

謝謝腰帶奶奶教我這一堂學習如何善終的功課。

下弦月爺爺的最後一哩路

他們早就知道黑色壓傷的存在，
卻選擇漠視。

下弦月爺爺家位於某處眷村窄巷內，方正的客廳與尋常家庭無二異，唯獨一般家庭擺沙發的地方改成放床。正確說來，是兩張床，一張爺爺睡，一張主要照顧者睡，剩下僅餘一人寬的窄小走道。

窘迫，便是這個家的各方面困境。

頭一次進場服務時，父子兩人都在睡，奶奶則是在矮凳上玩手機。

兒子看到我和督導來訪，連忙起身，強打起精神的臉上寫滿疲憊，苦笑聳肩說著疫情爆發後，市場的生意只剩一成，又被車子撞到，腳受傷沒辦法批貨擺攤，乾脆在家修養。我和督導點點頭，大家都曉得疫情時全世界都過得辛苦。
督導詢問爺爺身體詳情，我則是準備好兩桶水，一桶熱水，一桶溫水，開始給爺爺擦澡。

在寒流來的日子，用熱熱的毛巾擦澡，爺爺似乎覺得舒服，會配合我的聲音和擦拭的位置，微微擺頭，好方便我擦至耳後、後頸、下巴等位置。

洗完頭和臉，毛巾也重新清洗乾淨，由內往外擦爺爺的眼睛時，赫然發現有一層厚厚的眼屎，讓爺爺的上下眼皮黏在一起了。

我不知道爺爺原本就看不見，還是因為眼皮沾黏導致眼睛睜不開。

總之，現在不是問問題的時候。

沾溼大棉棒，一面溼潤，一面輕輕擦拭爺爺的眼角至眼尾。漸漸地，縫隙中硬掉的眼屎滑動了，同時眼周皮膚也開始泛紅。很想一次擦乾淨，但眼皮脆弱，只能先擦乾淨一角，一次一次慢慢來，不能急。我告訴自己。

擦完兩手和乳液，解開約束帶，打開釦子，終獲自由的雙手迫不及待地開始搔抓胸口，指甲抓出一條條雪白的皮屑，在乾瘦的肌膚上留下紅紅的抓痕，我只能請兒子協助握住爺爺的手，免得他抓傷自己。

告知爺爺要脫衣服，接下來，清晰可數的肋骨和下弦月出現了。

我曉得長期接鼻胃管的老人家，很容易因為營養不良或腸胃吸收不好而偏瘦。但如此瘦弱且大幅凹陷的腹部還是第一次看到。

一股心酸湧現，我實在太菜了。

忍住心中的動容，一面用熱毛巾擦拭爺爺的腹部，一面和他說話，擦乳液，換好上衣，綁回約束帶。

接下來擦下半身，小腿的皮屑在脫褲子時如魚鱗般一片片掉落，我已不再動容。脫去襪子，一塊黑硬且邊緣滲血的東西進入視線。定睛細看，發現壓傷，約五十元硬幣大小，在爺爺的腳後跟。

督導立即詢問詳情，在家屬的同意下拍照，建議看醫生治療傷口，免得引發敗血症、蜂窩性組織炎等情況。我則是繼續進行擦澡和抹乳液的步驟。

終於，雙腳也擦完了，我問：「請問家屬有要換藥或是裹紗布之類的嗎？」居服員不能換藥，須由家屬進行。

兒子和奶奶沒有回答。

我不知道是因為聽到腳後跟的壓傷，原來有那麼嚴重的後果，讓家屬被嚇到了。還是，目前沒有準備新的紗布之類的用品，晚點才會去買來纏裹。

什麼回覆都沒有，以我和督導的立場也不便再追問。

安靜一會兒，兒子開口道：「先穿襪子吧。」

我點點頭，輕輕地將捲起的襪子套上腳趾，拉至腳背。直到穿到腳後跟時，我猶豫了，我不知道要怎麼穿才不會讓爺爺痛，因為無論如何一定會碰到傷口。

「我爸很怕痛。」依稀記得方才兒子曾說過這句話。

但督導問了什麼問題呢？我太專注，沒有細聽。

無論如何，最重要的是在安全的範圍完成服務內容。於是，我在心中默默呼求主名，深呼吸，一鼓作氣地把襪子穿好，撫平皺褶。

意外的是，爺爺沒有掙扎、喊痛，連微微地踢一下，動一下腳趾頭都沒有。

事實上，從我去服務到現在，從未聽過爺爺的聲音。

爺爺感覺不到痛了嗎？

我不知道。

原來不痛的時候比痛的時候更糟糕嗎？

心情更沉重了。

我屏除雜念，盡量溫柔且和緩地幫爺爺穿褲子、換尿布。再將厚被蓋回去。

收拾用具時，兒子不好意思地說他都清彩（隨便）幫爺爺擦一擦而已。我便用聊天的輕鬆口吻問，要不要跟我學怎麼幫爺爺擦澡，下個月就要放年假了，就我所知，家屬沒有申請過年服務。

「這樣居服員休假時，你就能以更輕鬆的方式幫爺爺擦澡了。」我說。

兒子愣住，沒有回答。

「還是你們過年有請其他人幫爺爺擦澡？也不錯啊。」

兒子的臉上浮現一股愧疚，他錯開視線，不再與我對視。奶奶則是除了一開始進門時點個頭，接下來的服務過程中都把我們當隱形人。

恍然大悟，我問錯問題了。

一個疑點自心底油然而生。

之後幾次去下弦月爺爺家擦澡，從逐漸熟識的兒子口中得知，我不是他們請的第一位居服員。

問題來了。五十元硬幣大小的黑色壓傷非一夕之間形成，前一位居服員一定有發現，不可能沒有和家屬說，因為居服員需要觀察並告知被照顧者的身體情況，若當下家屬不在則是由督導回報家屬，否則便是「應告知而未告知」，但告知不代表家屬一定會做出相關處置。

同時，家屬每個月都有請一位居家護理師幫爺爺換鼻胃管。

他們從來沒有和居護說過壓傷的事情嗎？

他們從來沒有給居護看過爺爺腳踝的壓傷嗎？

如果他們之前曾做過看醫師之類的處置，當我詢問兒子要不要給黑色壓傷上藥時，兒子最有可能回答的是：「之前有看過醫生了，但一直沒好。」或「家裡還有上次醫生開的藥膏，等一下，我來擦。」或「藥用完了，我再去買。」而非僅僅「先穿襪子。」

無論如何，他們早就知道黑色壓傷的存在，卻選擇漠視。

思及此，心情不覺沉重。

下弦月爺爺家的經濟狀況的確頗差，光是養活自己便自顧不暇。對爺爺那如下弦月般凹陷的腹部、黑色的壓傷，兒子和奶奶自我安慰地告訴自己「會好的，終有一天會好的。」

如祈禱般悲哀的自我欺騙，因為現實太苦了。
曾為照顧者的我，很能感同身受。
於公，在第一線的我須做好自己的工作和回報，督導則是媒合各種資源，協助這個家。長照的設立宗旨之一正是服務這群缺乏資源的人。
於私，我禱告主耶穌，祝福下弦月爺爺，祝福這一家。
這樣想可能有點太自以為是，但我覺得我可能是爺爺人生中，唯一一位為他禱告的人了。只是，那時的我，並不知道為爺爺禱告的日子那麼短。
下弦月爺爺在櫻花綻放的那天離開了。
「督導，下弦月爺爺今天張開眼睛了耶，這是他第一次睜開眼睛看我。」
這行Line留言，停留在下弦月爺爺過世前的最後一行。
接下來便是督導用Line打電話來的系統時間。
記得那天我正準備出門上班，接到督導打來的Line電話，告知今天不用過去服務，下弦月爺爺過世了。
接下來呢？

轉頭望向窗外大好晴空，詫異徬徨的情緒湧上心頭，我心想，還是出門吧，去買個菜、吹吹風，做什麼都好。

騎車的路上，整個人恍恍惚惚的，覺得一切好不真實。

死亡的到來，太措手不及。

騎到常去買的小菜攤，今天沒開，奇怪，記得老闆休週一，今天是星期幾啊？算了，改買便當吧。

不知為何，油門催著催著，就這樣過便當店而不入，繞了一圈，我停在公園外，櫻花燦爛，卻看不進心裡。

最後一次服務下弦月爺爺時，後腳跟的黑色壓傷已擴散至小腿內側，尾椎和脊椎下半部也出現新的黑色壓傷，輕觸傷口便會滲出血水，臭味漫溢。

兒子若剛好在家，便會在我給爺爺擦澡翻身時順便換藥。

我扶著側躺的爺爺的背，免得他在換藥途中躺回來；他趁機用生理食鹽水浸潤沾黏的透氣膠布，等足夠溼潤了再一點一點撕除，免得傷害老人家太過薄弱的皮膚，造成新的傷口。

在這個家，每當下弦月爺爺身上出現新的一道傷口，便同時在家屬的心上、經濟上、體力上也劃下一刀。

社工已經排定家訪時間，但來不及了，下弦月爺爺在櫻花綻放的那天離開了。

「為什麼傷口老是不會好？」

某次兒子換藥時，極少開口的奶奶悲嘆地低喃。

「還是要去給醫生處理啦！」我盡量口吻輕快地說：「交給專業的醫生準沒錯。壓傷就像蛀牙，沒有處理只會一直往下深入啦。」

我沒有再提「爺爺需要足夠的營養」、「你們該帶他去看醫生」、「這麼深的傷口應該要去醫院清創」等家屬早八百年前就被我和督導告知無數次的建議。

很近，下弦月爺爺離死亡非常近了，我們都清楚。

奶奶充耳不聞，自顧自地碎念：「我想說抹廣東苜藥粉試試，不然傷口都不會乾燥，都溼溼的。」

「最好還是帶給醫生看啦。啊不然下次居護來給爺爺換鼻胃管，妳再問問居護怎麼辦？」

奶奶苦笑搖頭。「居護知道我給傷口抹廣東苜藥粉只會念我。」

「嗯……」我認同地點頭。

她其實也很清楚，廣東苜藥粉只是用來「心安」。

「試試看翻身如何？抓到訣竅其實不會那麼辛苦……」我盡量勸導。

奶奶高聲怒吼：「我不會搜尋那個啦！」

她的意思是她拒絕給爺爺翻身。

我乖乖閉嘴。

回想起來，奶奶每次都在家，但她僅在我剛進門時抬起頭看我一眼，點個頭，便繼續看手機，彷彿我和爺爺只是一縷幽魂。

我明白，手機裡的世界是一個沒有家人要擦屁股換尿布上藥纏紗布，無須每晚都必須睡在他旁邊以防萬一，沒有屎尿臭味等死亡氣息的花花世界。

逃避可能是奶奶維持心理平靜的方式。

或許爺爺年輕時曾對他的家人做過很糟糕的事，像是愛喝酒發脾氣、家暴等，母子兩人沒有把爺爺掃地出門，提供最基礎的照護，已仁至義盡。

每個家庭的無奈處，背後皆有一言難盡的緣由，可能還牽扯到好幾代，非一個外人能任意評斷的。

所以，以上是我這個外人的無禮猜想，任意同情而已。

可是，同情也沒關係啊！看到有人正在受苦，身為同類的我們因感同身受而難過，我認為是再自然不過的情緒。

唯獨一件事情我能確定，爺爺一定很高興他在家裡過世，而且在人人稱羨的睡夢中離開，此乃很大的幸福。

這點，照顧過我爸最後一程的我最清楚了。

片片花瓣飛墜，口渴的我打開背包想找水壺，卻翻到為了下弦月爺爺買的拍痰杯。他太瘦了，每次翻身拍背都好像在拍骨頭，矽膠製的拍痰杯比較軟，爺爺可能會比較舒服。

可是，拍痰杯來不及開封了。來不及的事情太多太多了，如同我們無法阻止櫻花飄落，人的離去也自有上天安排。

我們只能盡力去做，把握現在——把握現在仍活在你眼前的生命。

自由的身障老師

現在世界上絕大多數的設計都是為了一般人……其餘人只能去適應這個為了一般人而設計的社會。

接到葉老師的服務內容時，我就覺得滿少見的。因為打卡上班的地點是在診所而非住家。

葉老師的服務內容為去診所復健時需要有人幫忙協助，所以打卡上班的地點是診所門口，和葉老師碰面，復健結束，我直接在診所門口打卡下班即可。

之前也曾陪個案復健，坐輪椅和助行器都有，但都是從個案家出發，復健時使用輔具的方式大概都差不多，心中有個底，內心覺得安定許多。

服務當天，擔心迷路和需要預留找停車位的時間，我提早十五分鐘抵達，殊不知葉老師比我更早到。

我先揮手並自我介紹：「葉老師妳好，我是妳的居服員某某某。」

「妳好，我是葉某某。」

「葉老師，我們先進去吧，外面好熱。不好意思讓妳等我。」

「不會不會啦，是我擔心找不到停車位，所以提早到。」葉老師一面說，一面指向機車停車格，其中有一輛佔了兩格停車格的身障改裝機車。

從外觀看，就像是把一臺機車從腳踏墊的地方一分為二，車頭後方是ㄩ字型平臺。葉老師可連人帶車地將電動輪椅開進去。在ㄩ型平臺上固定好輪椅後，使用右方的按鈕，便能將當斜坡用的鐵板收起，於是，葉老師就能像一般人一樣手握機車龍頭騎車。

機車的後半部則是安裝在ㄩ型平臺左側，是帶動整臺身障改裝機車的動力。

「還要考駕照才能上路呢！」葉老師不無自豪地和我說。

進入診所，無法獨自從輪椅上站起身的葉老師，請我幫忙將健保卡遞給坐在櫃檯後方的小姐。櫃檯小姐在看到葉老師進來，立刻站起身彎腰伸手要收健保卡，而葉老師也立刻說：「不好意思，謝謝妳。我申請到居服員了。」

我也跟著說：「妳好。健保卡再麻煩您。」然後將卡片遞給櫃檯人員。

這間復健診所的櫃檯呈現凸字型，上半層為三面往外推的透明隔板，僅留一處可供單手伸入的小窗口。

實際陪同身障者後，我才注意到這樣傳統的櫃檯，設計用意應該是保護櫃檯後方的櫃檯人員，也能阻絕不當人士任意偷取桌上用品或走入櫃檯內側；但對獨自前去看診的身障者，使用起來有些不夠直覺。

我回想起自己平時掛號的流程，除了櫃檯小姐不用站起來，我不用說不好意思之外，其餘都一樣。

但光是這兩點不同，便能同感櫃檯小姐有多親切，以及葉老師平日講了多少次不好意思——自覺給他人添麻煩了多少次。

記得之前曾經看過一篇新聞報導，說現在郵局推出更多無障礙設施，櫃檯降低至八十公分高，好服務坐輪椅和未成年的顧客。同時也有友善服務等可供任何有需要的顧客。那時後我只是一眼看過去，沒有太放在心上。

現在實際服務身障個案後，才明白公家機關一直在進步，好貼近更多不同族群的需要。

掛號結束，陪葉老師進去診所最後方的電梯，經過正在走廊椅子上候診的病患時，葉老師一路說著：「不好意思，小心你的腳。」大家也紛紛從手機螢幕抬起頭，將翹起來的二郎腿，脫掉的拖鞋等從人人必經的走廊收起來，好空出更多空間給電動輪椅。

抵達電梯前，由於葉老師是面對電梯鏡子開進去，離開時是後退出來，所以她需要比一般人更多一點的時間，確定電梯外沒有人和障礙物後才能巴庫（後退）離開電梯。

負責協助她的我必須一直按著電梯的開門鍵，以免自動關閉的電梯門撞到電動輪椅。無論是撞傷電梯門還是電動輪椅，後續都不好處理。

抵達復健區的二樓，櫃檯為一般常見的辦公桌，高度適中，復健師和櫃檯人員也隨時移動，無須刻意為葉老師提供服務。

再次遞出健保卡，告知復健師葉老師來做復健了，陪同葉老師前去復健師指定的位置，開始準備電療。

一旁觀察，準備適時協助的我，注意到葉老師順手將隨身小包包放到電動輪椅座位下方的置物袋。但那只是一塊彈性透氣布，放放雨衣或是雜物ＯＫ，存放有貴重物品的隨身包包實在不適合，有心人趁他人不注意，彎腰伸手一拿就偷走了。

於是，儘管是第一次服務葉老師，她和我還不太熟，尚未建立基礎信任，我仍主動詢問要不要幫忙顧她的隨身包包？

葉老師眼睛燦亮，露出驚喜的表請。「好哇！麻煩妳了。」

看到她的表情和反應，我才明白她為此煩惱已久。也瞭解到現在不是只有我在顧慮該如何適時地提供服務，她因為第一次有居服員陪同，不知道怎麼往來比較合適，也在悄悄斟酌如何提出她的需求。

「沒有麻煩啦！」我笑笑地和葉老師揮揮手，退開，免得妨礙復健師貼貼片。

有主動提問真是太好了。我暗自慶幸著。

電療結束，接下來是拉腰。我依照葉老師的指示，將四腳助行器放置床邊。這時，葉老師已經站起身，並將兩手搭在助行器的扶手處，我一隻手拉著她後腰的褲腰帶，一隻手扶著她的腋下。

「好，我要走囉！一、二、三。」她說，但腳沒有動。

這時，我才知道葉老師有一套自行移動的方式。

「動啊！」她對自己喊話，但是腳沒有動。

「不好意思，再等我的腳一下下。」

「沒問題，慢慢來，站穩再走。」我的兩隻手依舊在原本的位置不動，才能在葉老師站不穩時及時扶住她。

「動啊！」葉老師又對自己喊話。

終於，她的右腳以像是踏出去了，又像是被上半身甩出去地，終於往前「走」了一步。

隨即，左腳也像是藉此利用身體慣性似地，被右腳帶動著往前走。就這樣一步一步，葉老師氣喘吁吁地移動身體坐到床邊，我的手也一直沒有離開她的褲腰帶和腋下。

坐定後，葉老師一面用手扶大腿，一面將圍著她的四腳助行器往床中央移動，一點一點地，費了好大功夫才移動到床中央的位置。

「可以躺囉！」葉老師說。

此時，需要兩個人協助。

由復健師扶著葉老師的上半身，我托住她的雙腳，一氣呵成地幫她躺平躺好。

終於，葉老師順利完成「從電動輪椅站起來走過去，躺在床上」這一連串動作。對一般人來說，只需要走過去，坐下，躺平的簡單動作，葉老師卻費了九牛二虎之力，上半身已然溼透。拉腰結束後也是同樣的流程，僅順序倒過來。

這世界真的好不公平啊！

我忍不住感嘆著。

腦海中浮現很久之前曾在《背離親緣》這本書看到，天生身障、聽障、視障者，又或是侏儒症等人，大多都覺得自己很正常，只是這個世界是以一般人為大眾，所以普羅設計都以最大的族群為主。

好比世界上有各色人種，不同國籍，不同文化，而身障、聽障、視障也是其中一種族類，有其文化。

可惜，現在世界上絕大多數的設計都是為了服務一般人。有時限於一般的成年人，也會有對孩童和年長者不友善的時候。其餘人只能去適應這個為了一般人而設計的社會。

雖然外在環境對葉老師來說處處不友善，所幸她未曾因此故步自封，考到身障駕照、有自己的職業、信仰，也常參加和身障相關的講座，持續進修，甚至每年都會規劃一次旅行。

同樣很愛旅行的我，一和葉老師聊起日本，簡直沒完沒了。風景到美食，名勝古蹟到百萬夜景，日劇到動漫，無所不聊，交換無數的心得和照片，時不時鼓勵對方趁匯率低多換一點日幣。

其中我最感動的是葉老師分享她在臺灣和日本受到許多善待，更是讓我感覺到人們行有餘力時，所付出的善意所帶來的正向循環，讓當下需要幫助的人，其所面臨的困難模式不再那麼難以跨越。

她真的好棒，成功活出了「就算身體有障礙，心也能自由飛翔」的人生。

寄居私娼寮巷尾的魚大姐

魚大姐便是那被命運捉弄一輩子，
好不容易能安心度日，卻已至人生遲暮的女主角。

形成貧窮的原因百百款，最後造成的困境卻大同小異。

上週剛結束服務的魚大姐的人生，就像小時候常看的鄉土劇，被命運創治（捉弄），沒有資源，也不懂得求助。

為了逃離原生家庭的暴力，魚大姐很小就逃家。接下來便是一連串為了餬口而衍生的無奈。不得不去當酒店小姐，遇人不淑，欠債還債；不得不賣身，不得不搬去私娼寮；年老色衰，新人輩出，最後，不得不搬去私娼寮巷尾的殘破雅房。

直到入住此處，才第一次接觸社工，初次聽聞社會資源可以幫助她，獲得低收入戶身分，成功申請各項補助，她那顛沛流離的人生這才首次安頓下來。

「所以齁，我很謝謝妳們啦！不然我早就不知道死在哪個路邊。」這是她最常講的一句話。

魚大姐主要的服務項目為協助洗頭洗澡。

她居住的雅房只有公共衛浴。浴室牆壁潮溼，到處都是壁癌，水泥外露，線路老舊，排水口的頭髮如海帶般隨水流擺盪，地板磁磚剝落到只剩下牆角仍殘留幾片碎片，偶爾眼角會不小心看到老鼠或小強鑽出某個洞，又跑進某個裂縫。

我時時提醒自己別看得太清楚，專注地協助大姐。幸好，在一閃一閃的昏黃光線下，想要看清楚也不容易。

儘管身處於如此破舊的環境，魚大姐仍把自己照顧得很好。臉盆內裝有洗髮精，沐浴乳，牙刷牙膏，漱口杯，沐浴巾，髮帽等沐浴用品，一應俱全。

協助魚大姐穩穩地坐在沐浴椅上，我將已經調整好水溫的蓮蓬頭遞過去，她開始把身體沖溼沖熱。

這期間我會把放在臉盆內的沐浴巾沖一沖，按兩下沐浴乳，充分起泡，交換她手中的蓮蓬頭，她開始刷洗身體。

魚大姐曾在浴室跌倒過好幾次，所以我會以不妨礙個案自主能力為前提，提供任何需要彎腰才能完成的服務。像是拿起放在地上臉盆內的清潔用品，清洗她的雙腳，洗後背和後頸等。

魚大姐洗澡的動作慢條斯理，表情很享受地輕輕哼歌。

昨天才剛去給人燙得蓬鬆捲翹的髮絲，隨著身體的動作微微搖晃。珍珠項鍊圓潤的光澤在昏暗的室內忽隱忽現，與大姐滑嫩飽滿的麥色肌膚相輝映。

懷舊朦朧的氣氛瀰漫，恍惚間，我彷彿身處在吳念真或蔡明亮導演的戲劇場景中，而魚大姐便是那被命運捉弄了一輩子，好不容易能安心度日，卻已至人生遲暮的女主角。

猝不及防間，大姐頭一低，哽咽一聲，哭了。

回過神的我連忙將毛巾遞給大姐，一面聽她碎語，一面用蓮蓬頭的熱水沖她的身體，免得著涼。

前陣子，她的乾兒子過世了。

這位先生的身世和她差不多坎坷，早年逃家，打工餬口，酒店認識大姐，覺得很有緣分便以乾媽乾弟互稱。多年後，弄壞身體，他開始洗腎，後來搬入雅房和大姐互相照顧。

今年年初乾兒子出現早發性失智的症狀，好幾次一出門就迷路不知道回家，大費周章才找到人。

社工好不容易找到他的親人，親人決定把乾兒子送入機構。

魚大姐無論是法律上還是身分上都無權插手，同時乾兒子失智的情況時好時壞，漸漸無法自理，一再失蹤又反覆跌倒，多次通報社工和警局，例例在案。

所以，儘管兩人都不願意分開，本身是低收入戶的魚大姐，沒有多餘的錢給乾兒子更好的照顧和生活，大姐自己也常跌倒，精神和體力已經不足以照顧失智兼洗腎的乾兒子，加上乾兒子的親人很討厭魚大姐，似乎一直誤會兩人的關係。最後無奈接受對方的安排。

貧窮侷限選擇。

「唯一好欸歹誌，著是伊無偌久著走啊。」她的意思是，那時身邊發生唯一一件好事情，就是乾兒子入住機構沒住多久就過世了。

我接續道：「他還偷跑回來看妳。」

魚大姐露出靦腆的笑臉。「嘿啊，他那麼不方便還偷跑出來看我。雖然沒辦法送他，按呢著有夠啊（這樣就夠了）。」

記起主任曾和我討論要說服乾兒子的家屬，讓魚大姐去靈堂上香。好不容易對方點頭答應，接送的車子也預約好了，結果出發前魚大姐憂鬱症發作，吵著不要去了不要去了，又胡亂吃藥，送進醫院洗胃，搞得亂七八糟。

現在大姐能平靜地談這件事情，藉著哭泣發洩情緒也好。

世事難兩全，貧窮的人選擇是那麼的少，她覺得好就好。

但是，真的有好嗎？

我想起上週魚大姐出門忘記帶手機，鄰居誤以為她又跌倒在家裡起不來，請警消破門而入，事後才知道她回診拿藥，修門花了兩千多元。

鄰居也是好心，畢竟大姐的確曾在房內和路上跌倒好幾次，也因此住院治療過幾次，所以社工協助申請長照服務，讓我們陪著她洗澡和出門，以防萬一。可是她自己出門又忘記帶手機，就真的怪不了任何人了。

唉，怎麼那麼坎坷呢？

或許，正是因為人生太過顛沛流離，意外頻傳，加上早期職業的特性。魚大姐很喜歡燙頭髮和買新衣（皆為早市的百元衣），把自己打扮得漂漂亮亮，乾乾淨淨的，自己看了也開心。

尚未從事長照前的我，曾聽聞低收入戶會去買對一般人來說比較貴的東西，常覺得也太浪費社會資源了。

但自從認識魚大姐，並深入了解她的生活後，我的觀念改變了。社會資源和公益團體的資助，讓他們基本不愁吃穿，但也僅止於此，真正能讓他們快樂的事情實在太少了。

每個人都老病窮殘纏身，回憶過往只有滿腹心酸。

孤單會嗜骨，寂寞會憂鬱。

所以想做些讓自己開心的事情，就算多花點錢也沒關係，也是人之常情。

可能有人會說這樣的老年生活，還不是他們自己年輕時不好好工作存錢造成的。但如果人生有這麼簡單就好了。

意外、重病、詐騙、遇人不淑、識人不清、金融海嘯、通貨膨脹、惡意傾銷、政局動盪等情況，皆有可能令一位勤勤懇懇，苦幹實幹的普通人，人生瞬間破滅。

社會資源幫助這些家、這些人，而他們實際上也未作奸犯科。要如何使用政府補助的錢，是社會所賦予並保障的基本人權和自由，對吧？

為什麼第一個反應是先責怪呢？

我認真反思許久，發現這些想法背後的真實原因或許是出於恐懼。

我害怕掉到同樣的境地。所以告訴自己，乖乖工作賺錢，好好存錢就沒事了。然後不去想每個人都有可能在某一天落入困境，需要被社會安全網接住。

屆時，我會不會覺得用補助款去吃肯德基是件對不起社會的事情？儘管點的不是套餐，是我非常非常喜歡，唯獨在生日的時候才會豁出去犒賞自己的蛋塔。

在咬下第一口的時候，雖然吃得很開心，同時我也可能在心中譴責自己，應該貼個十元改買真正吃得飽的滷肉飯才對。

天哪，在錙銖必較的貧困處境中，這選擇真的太難了。

而這只是一餐而已，一天可是要吃三餐呢！雖然我遇到的低收入戶通常只吃兩餐，吃一餐的也不在少數。

這些從普世價值的角度來看「花費比較高的選擇」，好比去理髮廳燙頭髮，每個月吃一次速食，都能幫助他們打破貧窮造成的藩籬，偶爾和一般人一樣，接觸大家都有機會去體驗的生活小確幸，讓自己活得快樂一些，或許真的只有一些些，只有一些些也好。

至於那些沒得選擇的事情，只能用忍耐、習慣以及自欺搓揉成稻草繩，綁縛在身上。哪天，繩子斷了，就垮了。

身處低谷，已無處可跌。

唯有死亡，不分貴賤，一視同仁。

洗完澡，協助魚大姐站起身，擦乾身體，穿好衣服，將單拐遞給她。

我亦步亦趨地陪她走回未鎖的雅房，直到大姐平安坐在床沿，這才從褲子口袋掏出皮夾和鑰匙。

「大姐，幫妳保管的皮夾和鑰匙，現在還給妳唷！要小心收好嘿。」我說。

「齁，妳放心，我會藏好，這是我身上唯一值錢的東西了。」語畢，魚大姐將皮夾隨手塞到枕頭下，鑰匙則是放到床頭櫃的抽屜內。

我默默記住這兩項重要物品的位置，以備不時之需。

「我先走囉，後天見！記得吃藥喔！」

「騎車小心唷！別騎太快嘿！」魚大姐的叮嚀傳來，我連聲應好，關上門。

一步步踏出這棟提供貧困人們棲身的陰暗樓房。

勇敢做夢的玫瑰花爺爺

那顆仍有能力湧現自我期許的心，
是那麼激發我們，鼓勵我們。

人生，是活出來的。

最近探訪的獨居長輩們，給我感觸最深的便是這句話。

以前的我很不喜歡鄰居主動跟我打招呼，因為在外面租房子的原故，各方面都很警惕。但這天連續探望的三位獨居爺爺，都給我一個共同感覺：「孤單」。

他們一樣住在專供出租的套房，一樣領中低收入戶補助和租屋補助，其中兩位行動不便、一位還能騎機車。他們與親友沒有往來甚至斷絕關係、緊急聯絡人不是鄰長、里長就是某位公益團體的站長，附近沒有鄰居可以聊天。

與外界連結的方式，三位中只有一位比較常使用手機，另兩位打電話過去都得響很久，甚至連撥數天才有人接。詢問原因，都說平日極少有電話打來，其中一位的手機根本沒開。

行動不便，非必要不出門，接觸外界的方式除了偶爾的買飯倒垃圾之外，只有電視。沒親友聊天，連個單純可以寫寫自己想說的話的地方（臉書、Line等社交媒體）都沒有。

試想這孤島般的情況，比疫情爆發時，大家配合防疫而足不出戶時還要孤立。所以，我猜想，與鄰居偶遇時的打招呼，可能是爺爺一天中，唯一一次與他人說到話的機會了。

這麼一想，忽然覺得對和我住在同棟公寓，偶爾遇到的長輩有些愧疚。每次都是他主動和我打招呼，而我因為趕上下班，總匆匆一應，便離開了。下次，希望有機會由我主動打招呼。

這天探訪賣玫瑰花的爺爺，記得我和同事在門口等了好一段時間。從深鎖的鐵門欄杆縫隙中，可以看到走廊，以及走廊盡頭的長長的樓梯。約莫數分鐘後，輕輕的咚咚聲響起。一位手拄雙拐的爺爺，小心又費力地慢慢下樓梯。

好不容易等到他開門，賣玫瑰花爺爺額角冒汗地與我們打招呼，然後連聲為了太慢開門而致歉。我們當然不覺得這有什麼，接著大家寒暄一陣子，直至爺爺領我們上樓。

漫長的階梯，對行動不便的老人家來說實在很辛苦。而我也已經不是那會在心中冒出：「爺爺怎麼不搬去電梯套房」的傻子了。

看準時機，我與同事在爺爺即將走到樓梯間時，提議休息一下，緩緩他那不停自口罩內傳出的喘息。

「抱歉讓你們等我啊，我這腿自從七、八年前出車禍後就這樣了。」爺爺充滿歉疚地說。

「不會啦，我們也有點喘，一起休息一下。」我說。

休息夠了，爺爺再次出發。

看著他重複著先將雙拐置於上一階樓梯，然後右腳上，左腳再小心費勁地踏上去的步驟。忽然有股我太不珍惜身體的感覺，所有理所當然的生活起居動作，其實都奠基於健康。

該恢復運動的習慣了。我小小地反省了一下。

房門一開，映入眼簾的便是浴室的入口。

是的，賣玫瑰花爺爺住的套房非常小。

一張單人床（有一半放滿了東西，所以爺爺實際上只有睡單人床的一半）、一個單門衣櫃、一張桌（各種生活雜物擺放在餅乾盒和面紙盒內）、一支吊衣架（掛滿衣服和大大小小的塑膠袋），剩下的便是僅供旋身的空間。

不過，雜物雖多，絕大部分的東西皆擺放得井然有序，看得出來有爺爺自己的邏輯和規劃。

而且，床和浴室的距離很近，表示上廁所方便，這對拿拐杖才能行動的爺爺來說是好事；反之，一旦跌倒也更容易撞到頭，因為距離桌子與床都太近。

爺爺像是很習慣似地說起他為何獨居。

小時候常被父親再娶的母親打，而且是綁在柱子上打。

「對我不好，所以我很小就自己出來（離開家）了。」他說。

賣玫瑰花爺爺為了養活自己，做過很多工作。小時候去蓮霧園撿比較醜的蓮霧，自己帶去市區加減賣。長大跟著廟會跑，到處做生意。現在雖然有拿殘障手冊和低收入戶的補助，但也會去路邊賣花加減賺。

「賣玉蘭花嗎？」我問道。

「玉蘭花我以前賣過，利潤太差，花也不耐放。」爺爺有點嫌棄地說。

「這樣啊。那爺爺賣哪種花？」

賣玫瑰花爺爺露出自豪的表情說：「玫瑰花。利潤好又比玉蘭花耐放。」他拿出一個小小的塑膠套。「把水倒進去，花再插下去，可以撐四天。我就在外面路口賣五、六、日三天週末。不過，這花也賣不了多久了。以前塑膠套都用送的，但前陣子我去花店買花，店員說老闆娘講了些關於送塑膠套的話。我也沒有多問。不用問嘛！人家擺明了來著。以後去我也不拿了。幸好以前存了幾袋（塑膠套），賣完就不賣了。」

我佩服地對他點點頭。

真不愧是從小做生意到老的人生前輩。很懂得未雨綢繆，提前布署。

「現在花越來越不好賣了。我也越來越站不住了。」爺爺嘆息地低下頭。「遇到下雨，那就更別提了。」

一有機會便觀察房內布置的我，隨即提議道：「爺爺你要不要試試看，賣花兼送字畫？」

是的，賣玫瑰花爺爺小小的房間內，靠床那面牆上，貼了好幾張書法和國畫。筆力強健，畫風寫意，儘管是畫在月曆紙和廣告紙的背面，仍看得出來爺爺很喜歡寫字畫畫，而且應該有刻意練習，因為只要細看，便能注意到每一張畫的上方都有一只夾子，後面夾著厚厚一疊作品。

「沒有啦，那都隨便畫畫。」

「爺爺，這就是你和其他人不一樣的特色啊。買花送字畫，我覺得很棒欸，而且爺爺你又畫得很有個人風格。如果我是消費者的話，會滿心動的。現在快過年啦，送字畫真的很合適。」

本身就很有生意頭腦的爺爺，有點心動地說：「那也要是畫在宣紙上的才行。我也有碳筆那些用具。」

「也很好啊。」我說：「說不定哪天我會在臉書上看見《買玫瑰花送字畫的爺爺》的新聞。到時候我一定轉發。」

爺爺開心地笑著點頭。「那我要去公園寫生，多畫幾張。」

「要注意身體，小心走路，安全第一。」

看著賣玫瑰花爺爺嚮往的表情，我也跟著期待起來。也微微擔心，畢竟這些改變都有風險。

人生是什麼？

如果單純論「活著」，吃喝拉撒，除了因疾病導致出現困難，無法自理之外，人人都會。也曾看過同樣領殘障手冊、低收入戶，也有租屋補助的長輩，平日繭居在家，看電視過日子。

問起週間有沒有出門走走，散散步，晒晒太陽，對身體，對睡眠都有助益。約有一半的長輩說沒有，因為行動不便、腳沒力，沒有出門。隱約露出對於走路＝可能再次跌倒，導致受傷的恐懼和擔心。

獨居且身體各有狀況的他們，已經生活得很辛苦了，受傷只會雪上加霜。

這沒有對錯，各自的人生，各自負責，也各自成就。

不過，我好奇的是，為何賣玫瑰花爺爺這麼不同。

除了那自小打拚養成堅毅勇敢的性格。他的心為何能勇於做夢並實踐？直到爺爺開始聊起，他平日常用手機看YouTube上寫書法和畫國畫的影片，甚至分享瀏覽紀錄給我看。

原來如此，我恍然大悟。

人生，可以活得很大，與世界連結，讓生活變得豐富，進而實現自我。

同時，也可以活得很小很安全，避開所有受傷的機會，盡力維持仍能自理，不用無助地擔心自己又受傷了，沒人也沒錢請人照顧自己怎麼辦。

這沒有對錯，皆為個人的選擇。

是人都不想受傷，但就算是一般人，出門也有機會跌倒骨折進醫院。只是一般人的恢復力可能比較好，工作也不至於因為一次受傷而終止，親友的支援網功能也正常。

儘管如此，我仍認為故步自封與勇敢做夢有些不同。

至少，**雙眼閃耀著對未來的嚮往的爺爺，那顆仍有能力湧現自我期許的心，是那麼激發我們，鼓勵我們。**

短短半小時的探訪，心情溫暖，收穫豐沛。

我想，這就是所謂的正向循環吧。

「我想多存點錢，以後希望能搬進養老院住。」

最後，賣玫瑰花爺爺這麼說。

我吃了一驚。爺爺是我目前接觸到第一位自己說想搬去養老院住的長輩。後來再聽他分享，才知道他以前也曾在機構做過看護，明白住在機構不見得像舊有迷思那般不人性，會過得很沒有尊嚴。

在那裡有年齡相近的住民一起生活、一起吃飯、一起聊天、一起參與機構的活動，突然生病受傷也無須擔心沒人幫忙。

所以，我想，爺爺也覺得孤單吧。

儘管有網路與世界連結，儘管心靈仍舊豐沛，勇於做夢並實踐，仍會感到孤單，與一般人無異。差別只在於我們還有健康的身體，可以無礙地和朋友聚餐聊天，維持友誼。

我想，這也是這些獨居長輩願意對我們侃侃而談的原因之一。

離開前，我問爺爺可以拍字畫的照片嗎？

爺爺有些自豪又有些不好意思地說可以。

可惜我忘記問能放到網路上和大家分享嗎？

真的很想讓大家看看爺爺的作品

如果哪天，你來到市區，在某個車水馬龍的馬路邊，看到一位賣玫瑰花的爺爺。如果你也喜歡花，不妨支持一下，或許你會收到驚喜，一張爺爺手寫的字畫。

Chapter 3

在成為居服員之前

所謂孝

累世代以來的家族失落，好比一開始從領口就扣錯的釦子，只會一路錯下去，直到某顆釦子發現好像哪裡不太對。

做居服員久了，無論願不願意，皆會看到很多很多家庭和各種情況。單親家庭、雙親家庭、獨居老人、老老照護、隔代教養、新住民長輩等。每個家庭皆有各自的問題，追本溯源便是各種遺憾，累世代以來的家族失落。

好比一開始從領口就扣錯的釦子，只會一路錯下去，直到某顆釦子（家族中某個人）發現好像哪裡不太對勁，尋找更舒服、更合宜的方式和做法，並真的去嘗試後，便有機會帶來一連串的自我覺察和改變，甚至推動家人的改變。

以我自身為例，便是願意嘗試主動邀母親大人出遊。

老實說，我和母親大人很不熟。

國小二年級她與父親離婚，原因是很常見的個性不合，而這背後是每天的吵架、翻桌、冷戰、情緒暴力。

記得那時我超級討厭回家，放學後能在外面待多久就待多久，但國小生當然沒什麼地方可去，眷村的每個人都認識你，問你怎麼還不回家。其實鄰居都知道原因，眷村最不缺的就是八卦，巷口吵架的聲音巷尾和隔壁街都聽得到。

回家後就是躲在房間裡，直到被逼得不得不出來吃晚餐，然後看到雙親又吵架了，母親大人又翻桌了，父親又甩臉躲回書房了，我和弟弟以及姊姊開始收拾一地的殘局。

直到雙親離婚，母親大人離開去北部討生活，我們三姊弟跟母親就剩平日偶爾有電話，頂多過年和暑假見面，但母親大人一生氣就又會把我們趕回家。

印象最深刻的是有一年除夕夜，大我們六歲的姊姊已經是國中生了，她帶著我和弟弟前去北部母親大人的租屋處一起過節，我已經忘記當晚發生什麼事情，總之母親大人氣得把我們趕回家。好不容易搭火車轉公車回到眷村，父親大人打開門的苦笑，我一輩子都不會忘記吧。

原以為父母離婚後日子會好過些，但在那個年代，離婚的家庭非常罕見，鄰居和同學都說：「媽媽講不可以跟妳玩。因為妳沒有媽媽。」

上學變成很痛苦的一件事情，後來還演變成校園霸凌導致身心出現狀況無法上課，好不容易熬到畢業，這又是另一個故事了，暫且略過不提。

在做居服員之前，我頂多一個月回家吃飯一次，遑論帶母親出遊。

我的個性是比較內向慢熱的I型人，要熟也得花時間相處，但實在很怕踩到母親大人雷點，引爆情緒炸彈的我，通常吃飽飯洗完碗就落跑了。

開始做居服員後，天天看盡各種消極負面的家庭情況。這才深深感覺到，在生死之前，所有的愛恨情仇都是小事。

不管你再怎麼討厭排斥這個人，若有天你想要試著彌補或了解背後的根源，我都希望同學你們能盡快去做。

因為人死了就什麼都沒有了。

渴望的道歉、等待已久的為什麼、不知如何開始著手的修復彌補，將永遠帶著未完成的遺憾。

若你覺得這樣也好，即無需做些什麼，畢竟人人都各自懷抱著各自的遺憾過生活（啊？你說你沒有遺憾，那我實在很羡慕你，也很開心。聽見世上有毫無遺憾的人生，原來也有人過得滿美好的），光是知道這一點，便足以安慰。

接受「現在的情況就好」，接受「現在的我無力也無法改變什麼」，「想先顧好自己」也是很重要的。

如果你想試試看找出扣錯的釦子在哪裡，建議詢問專家，或看看這方面的書，先從了解自己開始。

若自己不穩，顫抖的手也沒辦法解開扣錯的釦子，著手找到正確的釦眼。

推動我鼓起勇氣約母親大人出遊，是某次訪案時，遇到一個老老照護的家。

一般來說，第一次訪案時，除了個案之外，主要照顧者（家屬）也在場的話會更好。但這個家在第一次進去現場了解長輩情況時，和我與督導溝通的人卻是里長，兩個兒子都不在。

里長一看到我們就像累積許多垃圾，好不容易等到垃圾車來了的人，劈里啪啦地將個案的情況，一股腦地統統說出來。

像是失智嚴重但生活尚可以自理的奶奶，知道爺爺跌倒了，不是自己去扶或打電話給兒子，反倒跑去按鄰居的門鈴，讓鄰居來幫忙扶。

一次兩次，鄰居還願意幫個忙，長期下來，鄰居開始擔心如果哪一次沒有扶好，爺爺摔了第二次，受傷加重，被家屬追究怎麼辦？於是便漸漸冷處理奶奶的按鈴求助。

偏偏奶奶失智了，不曉得鄰居們有這方面的考量，也不知道她的行為已經嚴重影響周遭的鄰居，如慣性動作般一直拚命按門鈴，直到鄰居家的門鈴都壞了，最後變成只能找里長，周圍的鄰居（安全網）皆避之唯恐不及。

至於爺爺則是非常固執，愛面子。不願意接受他人的幫忙。堅持他能自己照顧自己，不需要任何人的協助，跌倒時例外。

第一次家訪我去主要是得試試看爺爺願不願意讓我扶他下樓梯。如果爺爺願意，我才能進場服務。若他不願意，就只能找其他居服員來。豈料，當時情況不要說扶爺爺了，我連正面與他打招呼的機會都沒有。

那天我和督導抵達個案家，才剛在門口和里長打招呼，對門的鄰居便好奇地開門張望。與他對上眼睛的我微微點頭微笑，對方卻火速關上門。此一行徑，彷彿預告了之後我在個案家遇到的一連串閉門羹。

等里長把爺爺奶奶的情況說得差不多之後，督導開始巡視兩老平日起居的一樓環境。

里長先大聲地在一樓和爺爺說居服機構派人來了，爺爺不知道是聽不清楚還是在忙，沒有回應，於是我便在里長的同意之下走上二樓。

首先，一股微微的尿騷味傳來，殊不知，一踏上二樓，猝不及防地和手拿尿壺的爺爺正面對上。

「妳、走開，下去！」爺爺操著一口外省口音，氣急敗壞地大聲吼。

我立刻聽話地轉身回到一樓。

里長聽到爺爺的聲音，一臉歉疚擔憂地問我怎麼了。

「爺爺只穿一件薄長袖，沒有穿內褲，拿著尿壺去浴室了。」我平靜地告知。

這天是寒流來襲的日子，我、督導和里長都穿著鋪棉刷毛厚外套，外頭還下著冷冰冰的冬雨，爺爺卻穿得如此單薄。

「他應該是因為頻尿，半夜爬起來上廁所還要脫褲子很不方便，所以乾脆不穿內褲睡覺。」督導如此判斷。

我和里長都點頭認同，然後沉默，隨之升起的是一股不忍。

這個家是因為怎樣的原因，讓七老八十的爺爺在寒流來的日子，只穿一件薄上衣、不穿內褲，在家起居活動？

樓上傳來爺爺在浴室沐浴的聲音，我開始環顧一樓。發現長沙發和矮桌上依照就診時間排列著一包包藥袋，約莫有二十多包，看診日期在一年內左右。

打開檢查後發現裡面完好如初，一顆藥都沒少。

放在角落的單手拐杖、輪椅和四腳助行器也蒙上一層灰塵。

如果爺爺真的是如督導所說的原因所以不穿內褲睡覺，再加上家裡的拐杖和輪椅，就表示爺爺腿腳無力的情況不是一兩天，肯定有一定嚴重的程度了。

為什麼爺爺沒有拄拐杖？為什麼沒有在睡覺的時候穿紙尿褲？為什麼藥一顆都沒吃？為什麼沒有請外籍看護？這個家的經濟情況是請得起外籍看護的。

於是，疑問來了。

為什麼此個案的所有照顧方式看起來都那麼的……冷漠。

我不禁開始設想爺爺的兩個兒子，是不是曾經和爺爺發生過什麼事情？所以他們沒辦法給爺爺和奶奶更合適、更安全的照護？像是那種大家在新聞上看過的人倫悲劇，虐待、家暴之類的。

可是，若是如此的話……我看向那一包包排列整齊的藥袋，兒子們會願意每個月帶兩老去看醫生嗎？

如果情況並沒有嚴重到連自己的爸媽都不想見面，仍願意帶他們去看醫生，為什麼沒有協助用藥？不可能連自己的爸媽有沒有吃藥都不知道吧？那些藥袋看起來不會是失智嚴重的奶奶排的，不是爺爺，就是兒子。

更何況，開車接爸媽去看診的時候一定會進到客廳吧？接下來便會發現藥袋中的藥一顆都沒吃吧？如此一來，就能告知醫生兩老根本沒有定時服藥，以便做出後續一連串的處置。

還是兩老領的是慢箋[3]？但慢箋也得回診和抽血檢查看報告啊。

為什麼只是當司機而已呢？

註3：慢性病連續處方箋，醫師判定患者狀況穩定，只要定期用藥即可，開立二到三個月的處方箋，患者至附近藥局領藥，不需回診。

我不知道原因，只能從里長滔滔不絕的話語推測。

她說爺爺的兩個兒子，工作成就都不錯，但兩人都不太願意接里長的電話，因為一接就是又有事情要叫他們回來處理了。

「小兒子比較好，每次打電話過去都願意趕回來。我也能體諒他時常顧不到啦。因為他臉色很差，看得出來身體不太好。大兒子我就不懂了。真的是打十次看有沒有接一次。這是他爸媽欸，我只是里長。很多事情都不是我能決定的。像這次叫妳們居服機構來，也實在是看不下去，我往那個榮民服務中心報上去的。」里長狠狠皺眉，一臉實在是能幫的都幫了，其餘束手無策的模樣。

「幸好里長妳願意出手幫忙。」我說。

「真的很累。每次半夜接到奶奶打電話來，讓我過去扶跌倒的爺爺站起來，真的很累。」里長頻頻嘆氣。

我看向對這一切的話語毫無反應，兩眼呆滯，坐在沙發上的奶奶，食物殘渣已經乾涸在她的毛背心上不知幾天了。問她今天換過衣服了嗎？奶奶說換了。

帶她回診的兒子有注意到他的母親，已經失智到連需要換衣服都不知道的程度了嗎？

人們常說家家有本難念的經。

我自認也不是多孝順的人。每次有人問我為什麼自己一個人搬出來住，都好像被他人責備，妳媽都超過七十歲了，應該要回家照顧媽媽。可現階段的我，身心真的沒有餘裕。

老實說我會自己一個人搬出來住，除了家中沒有多餘的房間，母親長年都睡在客廳之外，另一個考量的原因便是和母親大人同住，給我的壓力太大了。

我們的個性太不一樣。身為高敏感I型人的我，下班回到家需要的是獨處才能好好休息。而母親大人則是情緒起伏很大的人。

她這人好的時候很好，細心又熱情，無論是住在她家的我和弟弟，以及常有聯繫的召會姐妹，都能得到她無微不至的照顧。幾乎每天晚上都有人打電話和她一起讀經禱告。

母親家的房間不夠，她一個人住在客廳，而我的房間門因故損壞，只用布簾遮蓋，無法提供我需要的隱私和安靜。我不想每晚請母親講話小聲一點，但不講我又睡不著，明天還要上班啊唉。

我渴望獨處、渴望安靜的休息，於是儘管當時在工廠上班的薪資不高，仍決定搬出來住。

搬出來後和母親大人的感情反而變好了。疫情尚未嚴重時，主日的星期天早上我騎車接她一起前去召會[4]。路上聊些之前住在家裡時都不會聊的話題，深深覺得搬出來住的決定是對的，緩和了我和她之間的相處情況。

我不知道這個個案親子之間如此冷漠的起因是什麼。可能是經年累月的某些情況，或是之前他們早已長期照護到身心俱疲，不得不拉開距離，好維持身心平衡；也可能他們真的自顧不暇，無法請假抽空回來照護。理由很多，要怎麼設想都可以。

可惜，若遺憾一旦發生，再怎麼後悔都無法彌補。

所謂的孝道，會不會正是提醒人們，人生太多我們難以掌控，也無法做得盡善盡美的事情。可是，至少我們有嘗試過，有去努力過，或許過程中出現各種嫌棄啦（我猜想爺爺一定曾因為用拐杖和包尿布的事情和他兒子吵過架，否則腿腳不方便的他，從房間走去浴室的路上為何沒有拄拐杖，而是將拐杖放在樓下生灰塵）、不滿啦、生氣啦等等絕對稱不上父慈子孝的場景。

但至少、至少不是冷漠、不是忽視、不是假裝已經不在了。

因為爺爺奶奶還活著啊。

不想親自照顧也可以申請外籍看護或入住養老院啊啊啊！

連愛心餐都是里長打電話去訂，你不知道你爸媽三餐無法自理嗎？

雖然思想傳統的人總覺得把雙親送養老院很不孝，但有極高風險跌倒，且一跌可能就是中風或腦出血的爺爺；不知道該換衣服，肯定也沒定時服藥的失智奶奶，真的需要二十四小時的貼身照顧。

至少走路有人扶、有人協助用藥，也有人協助沐浴，照料生活的大小起居，滿足最基本的生理需求。

最後，督導評估這個個案需要的是二十四小時的外籍看護或送機構。

這需要一段時間處理，也須經過家屬的同意，於是在這段等待的時間，居服員

註4：聖經中基督徒聚會場所的正式稱呼。

會補上這段空檔，給予兩老需要的照護。

里長鬆口氣，放心地笑了。

就在正式進場服務的第一天，我才剛和在門口等我的里長打招呼，就聽到奶奶坐在沙發上大聲叫我去扶爺爺，里長也叫我趕快去扶爺爺，她們都不敢進去扶。

走進去一看，赫然發現改睡在一樓的爺爺從床上跌下來，站不起來了。

他氣急敗壞地讓我趕快扶他，但尿溼的地板使得我雙腳打滑，難以出力，爺爺不停地破口大罵，奶奶在大廳跳針似地要我趕快把爺爺扶起來，兩邊一起轟炸。

幸好督導隨後就到，我們兩人一左一右抱住爺爺的腋下，花了一番功夫才把爺爺扶回床上。此時督導發現他的右手臂腫脹發紫，摸起來冷冷的，疑似骨折導致血路不通。

我趕快打電話給公司主任，督導則是打給家屬，聯繫兒子趕快帶他爸去醫院。

我們給爺爺換外出服，他堅持要穿西裝褲繫皮帶，一切由他。

再請奶奶幫忙找出爺爺的換洗衣服，因為他可能會住院一段時間。

就在忙完該忙的事情，我也將今日提供的服務做完之後，爺爺毫無預警地試圖自己一個人從床上站起來要走去客廳。

我和督導嚇了一大跳，連忙上去接住又要摔倒的爺爺，兩個人撐了一會兒才協助爺爺站穩，並攙扶他坐在門口旁邊的矮櫃上（爺爺指定要坐）。

「麻煩妳用漂白水，再去拖一次爺爺房間的地板。床鋪也用酒精噴一噴，再用吹風機吹乾彈簧床墊。」督導小小聲地和我說。

我這才會意過來，爺爺之所以堅持要去客廳，可能是不想待在房間，免得兒子聞到滿床尿騷味。我點點頭，立刻行動。希望能趁他兒子抵達前完成這些事情。幫助爺爺維持他的尊嚴。

之後，下一位個案的服務時間快到了，我和兩老告別並離開，督導則是留下等待兒子抵達，免得爺爺又想走去哪裡然後跌倒。

當天傍晚，接到督導的電話，爺爺住院，暫停服務。我和督導都鬆了口氣。爺爺在醫院能得到合適的照護。

再隔兩週多，督導通知我爺爺無縫接軌地入住長照機構了。

「真是太好了，這下放心多了。」我說。

「是啊。奶奶也在等評估，接下來沒多久應該也會去機構了。」督導說。

我不知道其他居服員如何，但在這五個多月，看到形形色色的家和各種難念的經，讓我鼓起勇氣，第一次主動邀約母親大人出遊，去她想去的故宮。母親也欣然同意了。

過程中，雖然下午天候不佳，導致得提早返家，但上午的行程母親大人很是開心，讚美連連，我們還一起吃了很好吃的車輪餅和鐵路便當，雙方都留下了美好的回憶。

回程的火車上，我忽然記起父母離異後，母親在寒暑假帶我們出去玩的往事。明明小時候的我那麼容易暈車嘔吐，總是造成不少麻煩，母親罵歸罵（有時計程車司機也一起罵，因為嘔吐物把車子弄髒了），仍一次又一次地帶我們出門。

也記得國中暑假時，母親大人每週帶我和弟弟去游泳池，她很認真教我們游泳，最後弟弟學會蛙式，我則是自由式。長大後才知道母親大人根本不會游泳，難怪她都坐在池邊拿著書指導我們，自己卻從未下水。

小時候的我不懂這就是母親的愛。

原來母親比我勇敢得多了。為了保護高敏感又膽小的自己，緊緊抓著過去的遺憾不放，我是多麼懦弱的一個女兒啊。

正視自己的軟弱後，我想，我終於知道那顆扣錯的釦子在哪裡了。

或許，我能開始解開扣錯的釦子，並試著扣上對的釦眼了。

我曾經也是照顧者

無論是父親或我，
都不曉得自己的身心狀況已經到了需要看醫生並且求助的地步。

「自不量力。」

「別理他，他根本不知道自己在說什麼。」

「為什麼都有藥盒和紙條提醒了，還是會忘記吃藥？」

「他啊，就是愛面子。以為自己還做得到以前能做到的事情。」

「拜託你管好自己的事情就好。」

「不需要跟他說，反正他明天就會忘記。我說可以就是可以。」

我常常在想，照顧者的壓力真的很大。

以前也曾是照顧者的我，有段時間真的好討厭好討厭承擔責任，就算只是去便利商店打工，我也不想做任何需要擔責任的職位，訂貨系統什麼的都不想學，旁人看來就是不思進取吧。

那時我也覺得我好糟糕、很消極，怎麼那麼不求上進，只想安穩度日。直到從事居服員和探望獨居老人的工作，進入許多家庭，看到許多情況，了解內情，才自覺那時的我並非偷懶，而是心理方面真的無法再負擔更多的責任。

剛高中畢業的我，因為老父親膝蓋無力擔負上下四樓的重擔，需要有人幫忙準備三餐，無法找一般朝九晚五的工作，我便在便利商店上下午五點到十一點的晚班。

每天我會提前加熱好父親的晚餐，然後匆匆出門，直到十一點多下班後，吃個消夜就睡了。隔天早上弄好父親的早餐再回去補眠，之後睡到中午起床去買兩個便當，晚一點再加熱給父親當晚餐。

如此說來父親不算難照顧，那時父親還能靠拐杖自由行走，只是膝蓋退化嚴重無法下樓而已，既不需要協助沐浴也不需要翻身拍背。有時父親因精神官能症加重或發作而住院，那時尚可自主行動，無須插管也無須穿尿布，所以在身體方面算是好顧的病人，重點是別把那些因病發而有的情緒勒索的話太放在心底。

只是每每看到發作後的父親，總覺得他變了一個人，好陌生，好無力，我難以獨自面對，但我家當時只有我一個人照顧他，無處可逃，也無處求援，我也太小，不懂得尋找幫助。

愛看書的父親，總在客廳拿著報紙或書，配上一杯老人茶就這樣過一天。當我要上班時他會提醒騎車小心，路上平安，下班後別耽誤太晚，早點回家等等，就像一般人那樣。

可是若哪天父親的精神官能症發作，平日溫文和藹的他就會變了個人，突然暴怒大罵：「妳就是不管我的死活，還是要去上班嗎？」「反正我在家裡死了也沒人知道。」「妳去啊！不怕我死在家裡就去啊！」

每次出門壓力都很大，父親過世的前幾年，他的病症加重，我過著幾乎天天被情緒勒索的生活。

我愛的那位父親到底去哪裡了？

我不知道，只能默默祈禱這一次發作快點過去，父親就能變回我認識的那位父親了。

想來，母親大人會和父親不和，最後走上離婚一途也不難理解。

如果今天我約好和朋友出門走走，午餐什麼的都提前弄好了，也告知他一定會在晚餐前回來，父親笑咪咪地送我出門。一切看起來很平凡普通。

但出遊時，我內心中總隱隱擔憂，父親會不會跌倒？會不會突然發作？好不想回家但一定要回家。乾脆現在回家看一看？至少比較放心，不用像現在這樣提心吊膽的（那個年代網路和手機尚未普及）。

老實說，我每次出遊沒有一次能徹底放下牽掛，好好地享受當下。

準備搭車回家時，我一定會繞去地下美食街的商場，買父親喜歡吃的綠豆糕當伴手禮。回家後，看到他笑咪咪地用濃茶配綠豆糕，和他聊著這次出遊遇到的趣事，這才能真正地放心下來。

半夜起來上廁所時，我會小心翼翼地走到父親房門側，偷偷聽他的打呼聲，確定一切安好，才能放心地回床上繼續睡覺。

這樣的日子從國中一路到父親在我二十三歲的那年，浴室跌倒中風送加護病房，之後緊急轉院，不到一個月便過世後結束。

照顧真的很消磨心智體力。

所以當我聽到照顧者對個案說：「妳安靜一點啦。」或是「不用問我爸。他不知道他生病了。」

我看到的都是心力交瘁的照顧者；以及因為自己的想法和需要不被尊重，而露出寂寞和忍耐表情的被照顧者。

我真的很希望自己能在父親尚未過世前，有多了解精神疾病方面的照護相關資訊，如此必然更能體諒父親的心情，也能夠同理自己為何如此消極無力。

或許就不會在受不了的時候、在父親發作的時候，說出「爸、你坐著不要動，我來就好。」「我也是人，我也會想出去玩啊！」「搬去一樓就好了嘛！爸你就可以出門了啊，為什麼不搬家？」

如果那時就有長照2．0就好了、如果那時候有網路就好了。

心中總是充滿各種遺憾。

思及此，我忍不住自問，如果那時候真的有長照2．0，我會願意打1966[5]嗎？

會不會有罪惡感？
只是幫忙加熱飯菜而已也想申請服務？
會不會讓爸爸覺得寂寞，覺得被兒女拋下了？
深思後發現，這些想法是一定會有的。而這正是我們需要調適的。父親需要認清他需要幫助；我也必須認清壓力已經超過負荷，需要幫助。
原來求助比想像中的還要難，而這都奠基於當時在這方面的資訊和知識不足。無論是父親或我，都不曉得自己的身心狀況已經到了需要看醫生並且求助的地步。
我很難過、無助，覺得沒有好好照顧到父親。更沒有多餘的心力提供父親更好的照護，最後出現逃避行為，光是聽到需要陪同住院，家中無人可以輪班，只有我一個人面對這一切，我就覺得窒息，無法呼吸，幾至滅頂。
對於連理所當然的陪病卻感到排斥的自己，我深感罪惡，痛苦至今。
我就是一個不孝女。
父親離世至今二十多年了，自責的念頭沒有一天消失過。

註5：1966為長照專線，若民眾有長照服務的需求，可準備好申請人與被照顧者基本資料，撥打「1966」請照管專員到府評估，協助民眾找到最合適的照顧資源。

長大後，看了許多這方面的書和演講，才知道，這些難過、後悔、無助、逃避都是源於愛。

我好想更善待父親，拿出更多的時間聽他說話，陪他看他喜歡的《百戰天龍》和《銀河飛龍》。

也希望能像護理師那樣更溫柔、細緻和有技巧地照護中風的父親。

可是就是做不到。

我是那麼的笨拙無力又懦弱，光是為了不讓父親在我離開病房去上廁所時拔管，只能把他的手用約束帶綁在病床的護欄上，然後放聲大哭。

到底什麼是「對父親好的照護」，那時候的我真的已經搞不懂了。

為什麼這麼難？

為什麼這麼累？

為什麼好想逃避？

需要照護的不是別人，是自己親愛的父親啊！

二十多年過去，疑問依舊存在。

現在想來，我才意識到，從小就無其他親戚可求助的我，根本不懂得尋求外界的幫忙。

最近在張曼娟老師的臉書粉絲頁上，看到她寫到：「必須求援，必須向人傾訴，善用社會福利與措施，不要自己承擔一切，這就是照護者優先的生存之道。」這段話讓我茅塞頓開。

所以，說出來吧。

試著說出來吧。

在我們即將忍不住對被照護者發脾氣、忽略他的自主意見，做出種種讓自己後悔，也讓被照顧者感到不被尊重的決定和行為時，照顧者率先說出來吧。

「讓我放假。就算只有兩小時也好。」

「好想去上班。」

「想要一覺到天亮。」

以上這些都不是無理取鬧，都是很正當且真正需要的協助。

不耐煩、發脾氣、厭倦、壓力大、憤怒、無力、枯竭，都是因為你愛他，因為你正在努力不要逃避，並試著找到自己和被照顧者之間的平衡。

這些情緒沒有錯，你對他的愛更是這其中最寶貴的中心。

所以，請把這些都說出口，尋找各種資源來幫助自己吧。

不要覺得丟臉可恥，照顧者的身心狀態是平衡的，與被照護者的關係便也能平穩和諧。如同處於情緒風暴中的父母親，也會影響孩子的情緒，反之亦然。

若有餘裕了，請去看看照護方面的演講、書和課程吧。

很多時候我們之所以難以用正面積極的態度去照護被照護者，是因為我們不了解失智症、不懂得照護的技巧、缺乏處在同樣環境中的人們的支持和認同。

好比自己生了一個莫名其妙的病，卻不去看醫生，不尋求專業的協助，不吃藥也不學習如何與這個病共處，進而改變觀念，改變生活習慣。

放著不管以為病情會自行好轉，甚至覺得都是這個病的錯，害我現在做什麼都綁手綁腳的。我真的聽過個案和家屬發出一模一樣的抱怨。

然後病情就如蛀牙一般，越來越深、越來越深。

殊不知，現在在這方面的知識與資訊都非常豐富。政府也設有求助的1966專線，能給予你專屬的協助。

照護需要學習。

照護需要調整心態。

照護需要休息。

照護也是一段過程。

親眼看著原本能行動自如、大吃大喝、大笑大罵的爸爸媽媽爺爺奶奶，漸漸變成一個行動不便需要照護，想不起來自己是誰，連你是他的兒女都認不得的陌生人，任誰都會錯愕、悲傷、一時之間難以接受現實，就算對方不是雙親，只是同學、同事也都會難過。

父親過世的那年年底，姊姊結婚了。

我們被當地的召會接待住宿，當晚一起在召會聚會時，一位年長的弟兄問起我為何信主。

我說：「那時候我爸剛中風，我姊在澎湖、弟弟在當兵、爸媽很早就離婚了，只有我能照顧我爸，覺得壓力很大。我媽說，信主後，就會有許多弟兄姐妹來幫忙，為你爸也為妳禱告。我就受浸了。而弟兄姐妹也真的如我媽所說的，天天打電話給我，時時去醫院看爸爸，陪他禱告又唱詩歌給他聽。我很高興，因為我爸是和蔣公一起來臺灣的老兵，在臺灣沒有親戚，這是我第一次感覺到，原來有人協助自己是這麼好啊。」

「感謝主。我們在神家都是親人。」弟兄說。

我點點頭，咬住下唇，忍著不要哭出來。

或許弟兄察覺到我的神情不太對，他繼續說：「姐妹，妳很幸運。陪著妳爸走過他人生中最重要的一段。很多人都沒有這種祝福。」

我驚訝地抬頭看著弟兄，說不出話來。

我心想：「原來我被祝福了嗎？」

明明我是個不孝女，照顧得那麼差勁。

仔細回想，的確，那時醫生發出病危通知，他一直掙扎著想和我說話，但因為中風影響腦功能導致說不出來，他很著急。

直到醫生決定給父親做氣切，護理師請我離開，我眼睜睜地看著護理師伸出手，用力把布簾拉上。這一瞬間，我感覺到有一個巨大的東西將我和父親隔開，我被重擊倒地，父親在布簾後發出陣陣痛呼。

我一個人站在布簾外，無能為力地聽著父親掙扎，醫生壓胸，心電圖的聲音，一切是那麼吵雜又那麼的安靜。

我的心都碎了。

母親大人趕到醫院，醫生從病房走出來，問我們要讓父親在醫院離世還是在家離世，母親大人說我們先去禱告再回答。她拉著我的手走到樓梯間，我已經忘記禱告了什麼，最後母親大人決定讓父親在醫院離世。

而我則是打電話聯繫人在澎湖的姊姊和正在當兵的弟弟，但實際說了些什麼，腦袋一片空白。

之後的記憶既鮮明又模糊。

姊姊和弟弟都很難過，已經哭不出來的我，呆呆地看著他們悲傷的神情，忽然明白到一件事。

是啊，只有我見到父親的最後一面。

父親用他的最後一程，教我「後悔」這個功課有多痛、多深。

直到現在，想起父親依舊哽咽、覺得自己不孝。

或許就是這份「祝福」，讓我開始去了解什麼是創傷（是的，發病時的父親，和離異的雙親，以及鄰居和同學們的歧視，的確造成了我的童年創傷）、什麼是照護，試著解開心中的疑惑，彌補心中的缺憾，學著修復自己，也藉著禱告獲得平靜；而召會中的弟兄姐妹的關心和互動，也增加我的社會參與感。

我不再是那位因照顧父親而被學校和社會遺落的人。

回顧過來，現在決定從事居服員這份工作，想來也是過去導致的必然。

父親過世後約莫半年，有一天凌晨，我夢見自己又回到父親病危的床前，他想跟我說話，而我趴在父親的床邊大哭，一直道歉，難以自拔。

父親掙扎了半天終於摸到我的頭，張開口，說：「不要哭了。」

哭著醒來後，我恍然大悟。

或許，父親想要的就只是這樣，讓他的女兒不要哭了，停止悲傷。

或許，被照顧者所求的也僅止於此，希望他的孩子不會因自己而太過受累，所以他們仍嘗試著處理自己的生活，儘管做得一團糟，還不如照顧者自己來做還比較快，但這就是被照顧者的真實心聲。

請不要忽略被照顧者的心意，他們愛你，他們仍想付出關愛，就像走路不穩的孩子，拿著橘子想給媽媽吃一樣。失智的爺爺說他可以自己去看醫生、跛腳的奶奶想自己去陽臺收衣服，都是想照顧你，不希望自己成為孩子的負擔。

儘管真的已經是負擔了，也請別忘記這些舉動背後都出於愛。

那天，六級失智的爺爺又在和他有智能障礙的兒子吵架。

這次吵的也是老話題，要不要繼續訂愛心餐。

兒子說爸爸老是自己煮東西吃，愛心餐都不吃，為什麼還要繼續訂？爺爺很不高興，罵兒子是浪費鬼，生活過太好，不懂珍惜。

好不容易兩方都排解完畢，兒子終於願意回二樓休息，只剩我和爺爺在一樓，我可以好好地安撫他的情緒。

我問：「爺爺，為什麼你都不吃愛心餐？」

一開始爺爺抽著菸，講了很多藉口，一下子說愛心餐的青菜太少，我就回答備餐服務的時候，我都有另外煮青菜和水煮蛋、蒸蛋、炒蛋給你加菜啊。他隨即改口講政府疼惜老人家，免費的愛心餐當然要拿。

「既然你決定要拿，為什麼不吃？」

爺爺發現沒辦法糊弄我，彆扭地囁嚅道：「還不是二樓那個浪費鬼，一直不去上班，哪裡來的錢買飯吃。」語畢，爺爺點菸，沒說話。

我說：「原來你在擔心你兒子啊。」

爺爺不看我，吐菸的嘴巴噘起來，下意識地揉著罹患退化性關節炎的膝蓋。

「你兒子說會自己弄東西吃。你有吃飽，吃得健康才是最重要啊。」

爺爺轉頭，繼續碎念他兒子是浪費鬼、懶惰鬼，都不去上班，工地有一天沒一天的做。完全忘記是因為他確診，只有同住兒子能照顧他（那時政府規定居家隔離七天，快篩陰性，才能解隔），所以才不能去上班。

或許長輩失智了，不懂怎樣正確付出對的關心，也只會說那些討厭的話。一點都不老實更可以說是傲嬌、彆扭，好難相處。

但在背後都發自於愛也出於愛。

可以吵架、可以生氣、可以冷戰、可以憤怒地奪門而出，也可以理解。

但請別忘記，本質都是因為他愛你，而你也愛他。

所以你們互相磋磨、拌嘴，這樣也很好啊，這也是一種陪伴。

也請不要忽略自己的心聲。

累了、厭了、煩了，請告訴自己你真的已經非常努力了，照護本就是一個人難以承受的重擔，所以求助吧。若不想和親友說，撥打1966、1925[6]都可以。

或許你會覺得不可能有人真的了解自己的處境，甚至認定自身的痛苦沒有人知道，沒有人能幫我。嘴巴講講誰不會，真正下去做的只有我一個人。

可是，幫助一個人不需要全盤了解；傾聽一位認真努力面對困境的人的故事，也不需要認識你是誰。

單單願意說出來這一舉動，即表示你不再忽略壓抑自己的真心，接下來便能減緩壓力，心得以放鬆，身體也不再那麼僵硬，隨之而來的便是蓄積精氣神，好重拾活力。

好比現在正在看這篇文章的你們，光是知道你們正在讀這篇文章，我心裡的後悔和遺憾已經減輕稍許。

註6：1925為安心專線，提供心理諮商服務。

甚至感覺到我已經不是二十幾年前那個笨拙的我了，我已成長，也更願意去學習和面對照護這件事情。試著踏出第一步，學習新的做法，切實地去做，累積在心中的不安焦慮就能一一消除，就是這麼簡單。

在這段不論對照顧者還是被照顧者來說，都是人生很重要的一段日子裡，**我們一起互相學習，磨合並了解。漸漸地，就會找到合適彼此的做法。**

這就是有溫度的照護。

也是有愛的照護。

何謂拖累

我們希望家人離開我們是因為「愛」，不是拋棄我們。

　　母親大人騎腳踏車跌倒。幸好只是脫臼和輕微骨裂，沒有大礙。姊開車把她從醫院載回來再送回家，我也一路陪同。好不容易將母親大人搞定送上床休息，讓與母親大人同住的弟弟接手，我們便離開了。

　　姊送我回家的路上跟我說，將來若萬一發生什麼，她已經簽好放棄急救同意書，健保卡也有註記了，不希望連累家人照顧她，她也不希望家人經歷如此痛苦的決定。

　　我說很好啊，改天我也想帶母親大人去辦這個手續。

這件事讓我開始思考，關於「拖累家人」這件事。

還沒有做居服員以前我也有同樣想法，假如我發生意外，我也不要急救，氣切插管啥都不要，就讓我走吧。

後來我看了一些關於「大往生」、「無效醫療」的課程後，開始認知到，我們真正害怕的是硬把一個依照大自然規律來說，因為無法進食，營養太低，精神和體力都無法支持，而陷入久睡辭世的人，用現代醫療把他強留下來。

我們害怕的會不會是明明應該讓他走了，卻讓他陷在尿布、鼻胃管、無法自主呼吸的臥床永夜中。

這樣真的不好嗎？

希望家人繼續活著真的錯了嗎？

我想這就是預立醫療決定書[7]的重要性吧。

至少在意識還清楚時，自我決定想要怎樣的醫療處置，這或許是一種幸福，也是人權。

不過，就算是真的捨不得，不想放棄一線希望而繼續搶救，我覺得也沒有什麼不對的。

因為「活著的生命」實在太寶貝了。

長輩還活著的現在，比什麼都讓我感激神。

假設我的父親還活著，就算他中風臥床，需要換尿布餵食，儘管我會覺得失去自由，感覺被困住，沒有未來，可能還會埋怨他，我也願意。

而且，為什麼幫孩子換尿布不覺得麻煩，幫自己的父母親換尿布會覺得麻煩呢？這個「生病太久拖累家人」的觀念是從哪來的？

所謂的「拖累」，指的到底是什麼？

如果父親還活著，就算將來我會埋怨、或許還會吵架，甚至厭惡幫他把屎把尿，我也寧願他還活著。

因為我好愛他。我終於可以當面跟他說：「爸，我愛你。對不起，我是個不及格的照顧者，很多地方可能都做得不夠細緻，有時也會太粗魯，輕忽你的心思和意

註7：事前表達醫療意願的文件和規劃書。在臺灣只要年滿十八歲，有健保卡，心智正常者皆有權利制定。「預立醫療決定書」是正式文件，制定時需遵行一定程序，包括須向醫療機構預約諮詢，並在一位二等親家屬或醫療委任代理人的陪同下共同諮詢。完成後，除了須本人簽署，同時需要兩位具民事行為能力的成年人作為見證人。最後由醫療機構上傳，註記在你的健保卡內，這份文件才算生效。

願。但謝謝你還活在這個世界上，讓我有父親可以去愛，去相處，去累積回憶。或許是相看兩厭的回憶，我也願意。

我是多麼多麼希望能重溫跟他一起看《銀河飛龍》的日子。就算要用兩千天的把屎把尿照護生活，來換一晚的共聚，我也願意。

當然，我是知道父親的。

他絕不願意臥床不起。

放棄急救是簽定了。

母親大人亦然。

尊重家人的意願放手是愛，不放棄希望也是愛，相伴的每一天都是愛。

到底什麼是拖累？

到底為什麼會覺得病人活著是拖累？

如果指的是無法像其他人一樣去上班，去旅行，去做想做的事情。那些去上班去旅行正在做想做的事情的人，就沒有其他的「拖累」嗎？

或許他們也在養家活口，或許正在繳學貸、車貸、房貸，這些也是負擔，但為何不覺得是拖累呢？

活著，不就夠了嗎？

能誕生在這個世界上的每一條生命，都不需要任何藉口或理由才能存活。

光是存在就夠了。

所以，我們試著換個方向思考，或許所謂的「拖累」，會不會是我們用來告訴自己「父親過世不是他想拋棄我。他愛我們，為了我們好，不想拖累我們，才決定離開」的自我安慰。

我們希望家人離開我們是因為「愛」，不是拋棄我們。儘管被遺棄的感覺是那麼深、那麼重、揮之不去。

我不停地告訴自己，之所以沒有父親了，變成一個無父的孩子，再也沒有承歡膝下的可能，再也沒有讓我想回去的家，都是因為「愛」。

父親的離開讓我備感孤獨，彷彿被拋棄了。

我永遠失去了那位對我說：「如果上學很痛苦，我幫你打電話給老師，休息一天。」總是無條件接受我的軟弱，承接住我的痛苦的父親。

他這麼愛我，怎麼可能拋棄我呢？

所以，父親一定是因為不想拖累我才會過世。

可是，我從來不覺得臥床的父親拖累我，完全不曾這麼想過。

當然曾經羨慕過那些被爸媽帶出去玩，可以自由自在在外面過夜，玩個通宵，不用擔心家人沒飯吃，可以盡情玩耍的同學們。

總覺得我和他們活在不一樣的世界。

他們下課後可以去補習、吃麥當勞、逛唱片行，而我卻是買自助餐回家和父親一起吃飯。

可是，我喜歡回家和父親一起吃飯，儘管他發病時總會說些情緒勒索的話。除此之外，我們也有很美好的回憶。我們一起看《銀河飛龍》和《馬蓋先》。偶爾父親會像獻寶似地給我一盒森永水果糖，我則是會在週末去市區買文具或去圖書館時，帶一盒父親愛吃的綠豆糕回家。

我們就這樣靜靜地生活在眷村某棟公寓的頂樓。

原來，同學們的生活不是我想要的生活。

我是多麼多麼地想念他啊。

我知道，直視死亡的過程實在是太太太痛苦了，所以放棄治療的父親、難以面對另一半失智的妻子、換尿布換到抓狂的家屬，都覺得親人的死亡是因為他不想

「拖累」我們，藉著停止痛苦且漫長的照護過程，使得親情不至於在這期間內被蹉跎殆盡。

離世、死亡，都是出於愛。

因為我們的誕生都是出於愛。

每一個活著的人都倚賴著愛。

事實上，死亡破碎假象，讓我們不得不面對一直以來逃避的「臨終」課題。

為了好好地死去，得好好地活在當下。

你，光是誕生在這個世界上，就已經給許多許多人帶來幸福了。

後記

我是如何成為一位居服員

我的人生有沒有其他的可能性？

興起此念頭是在二〇二一初。那時臺灣的新冠肺炎疫情剛起，我上班的工廠因為世界各國封城之故減單，主管鼓勵休假，休越多越好，特休很多的前輩大姐們，紛紛趁這時候開刀。一下子聽說A廠因為沒有訂單大掃除第四次了；明天是不是就換我們廠了？一下子聽說隔壁部門好像有人打算提早退休。謠言四起，不安的風氣在廠內循環，人人都焦慮擔憂，深怕下一個關廠的就是我們廠。

我不禁開始設想，如果自己像隔壁鄰居或某位親戚朋友一樣被裁員怎麼辦？如果被迫休無薪假，我能做什麼副業加減賺點生活費嗎？

除了以前曾經在便利商店打工，和來回各種工廠上班等的經驗，我還有什麼其他的技能養活自己？

以往溫暖的同溫層被打破了，好景不再，能倚靠的只有主耶穌和二十多年累積起來的本領和經驗。

在這異常的疫情年，一切都變得不確定，我沒有把握能繼續養活自己。該怎麼辦呢？

那時，同工廠的大姐正在做假日居服員，某天和她聊起來，她興致勃勃地說：「妳可以試試看。我覺得妳的個性和以前照顧過妳爸的經歷很適合這行。」

老實說，現在回想起來，大姐應該只是因為她待的機構很缺人，所以才這樣跟我說吧。

但無論如何，這是一個很好的契機。

剛好生活圈附近的大學協辦的居服員週末班快要開課了。在職者也能申請政府補助，結訓後退八成學費。每週六、日上課，共三個月，通過期末考（簡單筆試），拿到結訓證書，到社會局申請居服員小卡[8]，不需要考政府證照就能上班了。

超級理想的不是嗎？

註8：指長照人員認證卡，只要有身分證或本國居留證，以及居服員資格證明（照顧服務員訓練結業證書或是單一級照顧服務員技術士證照），即可申請。

於是我便和另外五位也有興趣的同事，一起繳費報名了。
接下來，便是為期十個月的半工半讀生活。
你問，前面不是寫上課三個月嗎？為什麼變成十個月？
同學啊，我只能說疫情年真的不簡單，請繼續看下去。

三月報名，四月考試，一百二十八人中僅錄取三十人。

是的，你沒有看錯。
政府補助班名額有限，並非報名就穩上，要經過筆試面試才能決定是否錄取（此為二〇二一年的錄取流程。每年每縣市不同，請有志從事的同學們，在報名時詳細查詢相關內容）。
所以，報名成功後，我開始上網抓題庫，下載居服員學科測驗App，開始看書看書看書看書。
每天到工廠上班都和同事聊到好久沒看書，實在好愛睏。有空時用App練習考題，久違的念書生活，其實頗有趣的。

考試當天，報名一百二十八人，實到一百二十四人。

學科考試單發下來後我鬆了口氣，正反兩面共四十題，大約只有三題沒把握。就在我覺得筆試應該沒有問題，接著遇到最大的難關：面試。

大概有將近七年的時間沒有面試了。

我緊張得要命啊同學。

在此，我不得不說，如果你和我一樣對面試很陌生，沒把握的話，不僅要好好讀學科，也要找人複習一下面試，免得面試官問問題時腦袋一片空白。

後來和同事討論，面試官主要提問的問題為以下四大題。

一、居服員的工作內容為何？

二、是否有照顧人的經驗，簡述內容。

三、居服員的工作常常要騎車來回個案家（機構例外），可以接受嗎？

四、多久可以上班。

第一題如果有好好念書的話，很容易回答。簡單說就是備餐、協助沐浴與洗頭、陪同外出、陪伴服務、家務協助等政府核定居服員可以從事的服務項目。

第二題就得看同學了。是不是有照顧過長輩，陪病的時候做了哪些事情。雖然不清楚面試官的給分標準，但依照後來有錄取的另外兩位同事的說法，我們都是有實際照顧老人家經驗的人。另外兩位沒有錄取的同事，一位沒有這方面的經驗，另一位則是口試太緊張，說得結結巴巴，可能也沒有說出多少實際的照顧內容。

我的回答如下。

我爸是和蔣公一同來臺灣的老兵，和我年齡差距很大。所以從我上國中開始，就天天買三餐回家，每個月陪我爸回診。他住院的時後則是鼻胃管餵食、換尿布、床上擦澡、翻身拍背都做過。

記得那時面試官一面聽我說，一面微笑點頭，只問了幾句關於鼻胃管餵食的問題。像是餵食前有沒有反抽，餵完後知道還要倒多少水清潔管壁嗎？感覺得到面試官應該是在確認我是不是真的有實際操作過。

第三題很好回答，當然沒問題。

實際開始上班後，我才真正體認到面試官問這題的用意。轉班對居服員來說真的是一件滿辛苦的事情。天冷下雨不用談，穿脫雨衣大家都知道有多麻煩，更別提找停車位，遇到塞車或是車禍導致遲到的話該怎麼辦？還有每天都會遇到的馬路三寶，該怎麼聰明地預判並避開（像是前面那臺車，明明沒有打方向燈卻開始靠右了）等，這些都是不小的壓力，所以轉班費在實際面真的慰勞了每天騎車好多趟的居服員身心。

剛上班的居服員們，千萬不要小看轉班費，覺得好像很少，那很重要知道嘛！尤其是在不小心停到黃線被拖吊，付罰單時唯一的撫慰就靠轉班費了。

第四題對那時的我來說很簡單：馬上就能上班。

記得那時面試官露出很驚訝的表情問：「妳現在做什麼工作？」

「清潔員，所以隨時都能辭職上班。」我回答。

面試官露出很滿意的表情。

準備考試期間，我已經從工廠離職，轉到地方法院做清潔員。薪水不高，勝在工作單純，做好自己的工作就沒人管你了，有多出來的時間念書。

那時我真的就如面試講的一樣，想得很簡單，先做三個月清潔員，領到居服員小卡就換工作。

殊不知，疫情年就是不簡單啊不簡單。

如何成為居服員？

成為居服員的資格：

1. 受訓參加「照顧服務員專業訓練課程」取得結業證書。
2. 考取「照顧服務員單一級技術士技能檢定」取得居服員技術士證。
3. 高中（職）以上學校護理、照顧相關科（組）畢業。

只要符合這三個條件之一，即可成為居服員。一般非相關科系畢業者，大多是走第一種途徑。因為報名課程的人數眾多，會需要先經過筆試面試，通過後才能取得上課資格。

居服員專業訓練課程內容：

核心課程50小時，實作課程10小時、臨床實習課程30小時。

1. 核心課程（50小時）：包括基本法律、長照資源、身心障礙、失智症溝通、老人常見疾病、身體結構與功能、生理徵象、居家用藥安全、急救、臨終照護、備餐與清潔……等。

2. 實作課程（8小時）：包括基本生命徵象如血壓、脈搏、血糖等的測量與紀錄；異物梗塞、心肺復甦術的操作……等等。

3. 綜合討論與課程評量（2小時）。

4. 臨床實習課程（30小時）：包括洗澡洗頭、大小便清潔等基礎身體照顧；更換床單、垃圾分類等生活支持照顧；尿管、鼻胃管等技術性照護，其他還有上下輪椅協助、血壓、血糖等生命徵象測量等。

完成課程且考核及格者，即可取得結業證明，就能夠從事居服員的工作。

好不容易錄取，揹上書包，帶好行動電源上學去，才上一個月的課，我們班就因為國內確診數倍增，疾管局將疫情警戒提升至三級，全國除關閉休閒娛樂場所外，同時關閉教育學習場域，包括社區大學、樂齡學習中心、訓練班、K書中心、社會教育機構（社會教育館、科學教育館、圖書館）及老人共餐活動中心等其他類似場所。

停課了，什麼時候開課要等政府公告，結業遙遙無期。清潔員工作也被告知沒有通過試用期（後來才聽還有聯繫的前同事說，清潔公司的老闆想僱用二度就業有政府補助的員工，所以換掉我。之後又陸陸續續換了好幾個人，新進來的員工都有成功申請到補助）。當被告知只能做到兩週後的月底，我焦慮症爆發，過度換氣差點當場昏倒，希望沒有嚇到告知我的文書小姐。

該年度的計畫全盤打碎，當時很徬徨，也很不安。

回家後，藉著禱告平靜心情，我開始到處投履歷，請假兩個小時去面試，還被清潔公司的行政小姐問：「妳就不能等到離職後再找工作嗎？」我忍不住說：「那我沒有工作的這段時間妳要付我生活費嗎？」實在有夠沒同理心。

現在回想起來，清潔公司那時應該有點危險了，所以上從老闆下到行政小姐都沒有同理人的餘裕。幾次看到主管自己來整理草皮和院子，就知道請不到人。一年後，合約到期，被法院撤換也不意外了。

三個月清潔員的工作結束，轉去做某生技公司工廠的作業員。接下來，便是一面適應新工作，一面等待開課。

這段等待開課的時間，每次看新聞看到有人亂跑外縣市就很生氣。我們這群期盼能快快上完課的人，放假時都乖乖地待在家哪裡都不敢去，也好久沒回家吃飯了，這群人卻肆無忌憚地出去遊玩，真的覺得很不爽又無奈。

好不容易熬到開課，隔週又停課。開開停停，一路到十月三十一號上完最後一天的臨床實習課程，我們才正式結業。

是的，政府規定居服員要上五十小時核心課程，八小時實作課程，兩小時的綜合討論與課程評量，以及臨床實習三十小時。而臨床實習課程需要在長照中心上實體課程。疫情時，長照中心是最晚開放的，所以課程一延再延，延到上課的老師說我們是他上過最辛苦的一屆，的確是。

回想起來，二〇二一年對我來說是一個學習接納人生本就充滿變數，在其中要像水一樣適應不同環境的一年。

雖然只上週末班，心情上也算是重回校園。

一年內換了五個老闆，短時間內不停地適應新的職場、新的人際關係以及因其而生的一場場聚散。對喜歡待在舒適圈的我來說，是很大的挑戰。

那時全世界的人都在適應因疫情而起的新變動。

好不容易熬到十月底結業，考完結業考，領到結業證書，申請到小卡，開始從事居服員的工作，經歷各種個案和服務內容。約一年後，我覺得自己適應得不錯，此份工作應該可以做長期，便開始著手準備考照顧服務員單一級證照。

照顧服務員單一級技術士技能證照

關於考證照，我在此告知各位同學們我最深切的建議。

一定要報名術科衝刺班！

如果你像我一樣離開學校有一段時間了，不太會考試，平日有正職工作，無法天天徹底練習術科的人，請千萬千萬一定要報名術科衝刺班，不管有多貴都要報，知道嗎？

那些在網路上說準備四天，就能考到證照的人是另外一個世界的人。

除非你認為自己和他一樣專注力極高，背誦能力極強，否則請聽我一勸，報名術科衝刺班，絕對不會後悔。

因為，老師會教很多術科考試時的技巧，現場也有足夠充足的道具和假人讓大家練習手感和流程。同學們一起下場操作，現場直接硬著頭實戰練習，親手感覺哈姆立克法的手勢、技巧和深度到底如何，是非常非常重要的事情，絕對不是用枕頭練習就能抓到手感。

如何取得照顧服務員單一級證照？

什麼是照顧服務員單一級證照？

居服員專業證明的國家級能力鑑定。若居服員想更精進，並為自己的專業取得證明，可以準備「照顧服務員單一級技術士技能檢定」，考取「照顧服務員單一級證照」。

考試內容：

考試內容分為「學科」和「術科」兩大項目。

學科

包括共同科目（職業安全衛生、工作倫理與職業道德、環境保護及節能減碳），以及專業知識與技能（身體照顧、生活照顧、家務處理、緊急與意外事件處理、家庭支持、職業倫理）。

術科

必考題：

- 生命徵象測量
- 備餐、餵食、協助用藥

隨機考題五選二：

- 成人異物梗塞急救法
- 成人心肺復甦術（CPR）
- 洗頭、衣物更換
- 協助下床及坐輪椅
- 會陰沖洗及尿管清潔

我是從二〇二二年十月開始自我練習照顧服務員單一級證照考試的學術科。

隔年二月買好簡章，便請假去臺北莊敬高職現場報名術科考試。那時，莊敬高中是北部最早開考的考場，做事不喜歡拖泥帶水的我，查詢網路得知，就算三月就報名，還要等發准考證等，至少四月之後才會考試，心想，準備七個月應該夠了，並且當時因著預算不足，沒有報名術科衝刺班。

平日白天，我會在轉班時聽術科考試的流程，藉此加強背口訣。晚上下班後，則是在睡前練習一項術科，週末則是七項一起練。還上網買了一隻接近真人大小的布偶，當作安妮陪練。

考試當天我就這樣硬著頭皮去到現場了。

除了太過緊張，手發抖，差一點又要過度換氣之外，我自認做得不錯，但卻錯在餵食空針管壁上有藥粉殘留。

名單公布，沒有看到我的名字時，眼前一黑，打擊之大，忍到咬牙切齒才沒有現場哭出來。

我對自己非常失望，半年多的準備付諸流水。忍不住心想，原來一切只是自以為是的自我滿足嗎？我根本就沒有想像中的準備得那麼好，我太自大了。

自我否定的念頭如潮水般就要淹沒我時，二〇二一年因為疫情動盪換五個老闆，外加課程延期時練出來的理智和毅力跑出來了。

是啊！考砸了，我承認。但，然後呢？

放棄嗎？

不，我不甘心，我不要放棄。

不放棄的話，怎麼做才能改善？

坐在火車上，我小小聲地禱告主耶穌，裡面突然有個聲音提醒我應該要報名術科衝刺班，於是我上網查詢，居然我所在的縣市有單位開課，且兩週後就可以上課了，打電話問還有兩個名額，小姐還能幫忙報名考試場次。

隔天，下班後，領錢，寫好新的簡章，我殺去報名。

忐忑不安的兩週過去了。我努力收拾考試不及格的失敗心情，告訴自己一定要好好上課，把該改正該加強的地方好好學會。

上課的第一天，我意外地在教室外看到熟悉的身影。

「咦？林姐妹，妳也來上課啊？」我驚訝地和對方打招呼。

和我在同個召會聚會的林姐妹，對我笑了笑，拍了拍我的肩膀後，說：「我是老師。」

我的表情就像這樣，被林姐妹帶著進入教室。@0@

現在講來大家可能會覺得怎麼那麼巧？但我相信這是主耶穌的安排。林姐妹是術科衝刺班七堂課的老師（有的衝刺班會換老師，可能七堂課有三個老師，不見得都是同一位老師），有熟悉的人在場，我能比較放鬆地下場練習。林姐妹也會在我練習時全程觀看，如有做錯的地方，立刻指出，我隨即改正。

團體練習時，因為我總是第一個下場練習（臺灣人在這種場合總是比較害羞，我想說要支持一下林姐妹。不要每次她問誰要第一個練習，都沒人回答，氣氛有點尷尬），因而發現其實我很熟練了。到後來，林姐妹甚至請我當小老師，幫忙她一起在其他同學練習時檢查流程。

第一次考試失敗造成的信心不足，在術科衝刺班得到加強和補足。

衝刺班課程結束後，林姐妹問我什麼時候考試，前一週週末她想請我去她家練習七題術科考試題目，讓她檢查整個流程，甚至還請她女兒當測生命徵象的小幫手。

聽到此提議時，我差點感動得哭出來。

其實我和林姐妹沒有很熟，只是每個月大聚會碰面時，點頭笑笑打招呼的交情，平日沒有什麼聯繫。但她卻願意空出一整個週末的時間，陪我練習一道一道課題，結束後則是與我一起禱告。

曾經身為術科考試考官之一的她，真是太恰當不過的人選。如果第一次考試我沒有失敗，我不會經歷到姐妹在主耶穌裡扶持我的愛。個性內向敏感的我，儘管知道她是考官，也不可能主動詢問對方是否願意幫忙我練習術科，畢竟我們只是點頭之交。

我很感謝主，也很感謝林姐妹和她女兒。

當下，我奮發圖強地練習術科，但練得越熟，我越覺得沒把握。因為，無論練習得多麼完美，有一些地方是無法徹底靠練習掌握的。

像是讓我術科考試不及格的藥粉殘留，這題在術科考試中，是只要犯了這個錯，無論其他幾題做得多完美，都直接不及格的魔王關卡。

我能做的便是買不鏽鋼研缽組（此材質與考場提供一致），小刷子，小藥杯，多而更多地練習磨藥粉、攪拌融成藥水、倒入餵食空針時多倒幾次冷開水沖洗管壁。以上這些都能做到熟能生巧，重點是我不知道考場會準備哪種維他命C。

就我在網路上查詢的結果，以及詢問考過的前輩，有的說是橢圓形的藥丸、有的遇到的是小圓藥丸、還有扁藥丸，黃的白的都有。曾任考官的林姐妹說只能看考場提供什麼藥丸，就用該種藥丸考試。

可是每種藥丸的硬度和融水程度都有微妙的不同。

相信我，考證照的這一年（對的，我從二〇二二年十月開始練習術科考試，一直到二〇二三年九月底才考到證照，整整準備了一年），我用過五種藥丸，有我自己買的，有親友送的，總之就是盡量練習不同的藥丸，藉此抓到手感。

所以再怎麼準備都只能準備到九十五％，剩下的五％只能交給神。

領悟這點後，我就放下了，焦慮消失了。

如果又不及格，我知道，不是我沒有好好準備考試，該練習的都練了，該背的口訣都背了，清潔導尿管只需要三根滴優典的棉花棒，清潔優典的生理食鹽水棉花棒則是最好十根，以免因為優典殘留而導致不及格這點，我也練習到不知道買了多少包棉花棒了，

就算抽到CPR考題，導致腕隧道症狀發作，手腕痛，也只要事前吃止痛藥戴護腕再進考場考試就好了。

所有所有可能發生的情況我都盡量一一地規劃好，該怎麼面對，該怎麼解決。

剩下的，就是神的事情了。

沒想到，第二次術科考試，我抽到和第一次考試一樣的考題：生命徵象測量和備餐是必考題，另外兩題則是床上洗頭換衣服搭配哈姆立克法。

就算已經有經驗了，當下還是緊張得要命，手抖到考官老師讓我先深呼吸幾下，稍微平靜下來，可以了，再跟她說可以開始考試，那時她就會開始計時。

這天，考官老師都很溫柔，同天考試的人中也有衝刺班認識的同學，我們彼此加油打氣。

上午考完術科，每個人都累到想當場躺下休息，但是不行，下午要考學科。坐在學校大樓中庭陰影下，九月的氣溫像盛夏一樣熱，我們食不知味地吃著午餐，吃飽後，我趴在桌上試著休息一下。

一點到，先公布術科成績，看到自己的名字終於出現在合格欄，忍不住掉了幾滴眼淚。

半小時後，依照准考證號碼依序進入電腦教室，下午的學科一下子就考完了。

公布成績前，我回到中庭，打開那天早上憑直覺買下來的全家銅鑼燒，一口一口咬著甜甜的紅豆泥，給燃燒過度的大腦補充糖分，就在這時候，一股篤定的預感湧上心頭。

會合格的。

一個小時後，將熱騰騰，剛出爐的照顧服務員單一級證照放入皮夾，我帶著倦極又開心極的心情，和家人報告後，搭車回家。

考到證照後，工作方面沒有改變，而我知道，一切都和以前不一樣了。

我變得更有自信，不會像以前那樣，時時思考我的人生就只有這樣嗎？我曉得，只要願意嘗試並努力，隨時都能開拓一條新的人生。待在舒適圈也好，離開居服員的工作也可以，再去學校進修或回到單純的清潔員工作也不錯。

我的確如己所願變得更柔軟、更強大、更能接受不同環境帶來的挑戰和刺激。

這才是真正能嘉惠我一生的技巧和本領。

★

人生真的很奇妙，能束縛自己的人唯獨自己，你是不是常告訴自己不可能呢？同學，從現在開始，我們換個說法，告訴自己嘗試看看也不壞。

只要願意踏出去，新的大門便能隨之而開，若是覺得不適合，回頭走老路也不會有損失。事實上，我相信，若你有好好面對，好好去闖關，老路也能走出新路。

願這份柔軟能跟著我，時時接收長照新知，活到老學到老，成為第一個敞開手，擁抱照顧服務機器人的老奶奶。

是的，我認為照顧服務機器人勢在必行，尤其在這出生人口越來越低的老年化世界趨勢之下，機器人和ＡＩ已經是各大企業爭相投注的時代。機器人將會和手機一樣普及。好比現在各企業都在推行無人結帳，自助結帳機等，人力將會轉去更重要的地方。

各位同學們，這不表示人類會被取代。

沒有人類，機器人也就沒有存在的必要。

怕被淘汰嗎？

與其把時間和精力浪費在害怕擔憂上，要不要主動出擊，率先試著踏出去看看呢？從有興趣的地方開始吧。你的興趣是什麼呢？

以我自己為例，我喜歡攝影、美食、讀書、看劇、自助旅行。

你也喜歡旅行嗎？

要不要先買張機票呢？

暫時約不到人一起去的話，就先一個人出發吧。

然後，你便能在過程中發現，自己比想像中的還要獨立、強大，並柔軟得可以適應並面對任何環境。

不要不要，你說這太難了。

那有什麼事情是你覺得不難，且一直想嘗試看看呢？

去做吧。我保證，一定收穫百倍。

在還沒有被年老打敗到無法去做想做的事情之前，去做吧，絕對不會失望。相信這會成為美好的回憶，滋養陪伴你一生。

你說這麼做太浪費錢？

同學啊！如果你有工作，請你告訴自己，「錢，再賺就好了」。

居服員這份工作讓我領悟最深的還有一件事情，沒有「以後」這件事。等六十五歲退休以後再去旅行，結果是爸媽先病倒，需要照護，已經無法說走就走了。

現在就去做，馬上就去預約，先去嘗試新做法。

試著不要否定自己的念頭，總是認為這個不可以那個不可以，那些自我否定，形成了現在的你。

你若想要更喜歡自己，不希望人生留下太多遺憾和後悔，試著說「好」，試著對自己點頭，試著向自己信心喊話說：「你可以的！沒問題！我和我自己同在。」當自己第一個支持者，便會獲得強大的力量和鼓舞。第一步，便能踏出去了。

你的改變，將會影響周遭的人，大家一起變得積極正向。如同我有兩位也在從事居服員的同事，也將在今年挑戰考證照，我迫不及待地想分享術科考試經驗給她們，當初練習術科所買的道具和布偶也都分給她們了。

如果你覺得現在的生活過得去就好了，活得下去就好，那也不錯。甚至我還滿羨慕你的，因為覺得過得去，表示你把自己的生活經營得ＯＫ，不會時常困在欲得而不得的自苦中，正所謂知足常樂。

每個人活到今天都不容易。每一段過程都是豐富的資產，我們學著更加靈活地運用它、培養它、壯大它。

最後，謝謝各位同學們。

希望文中分享的經驗能對你們有些許幫助、些許安慰。

如同我只是將這些心情和經歷分享出來，心想你們在看，大家都一起專注這項人人都會遇到的人生課題，便已得到莫大的慰藉一樣。

願主耶穌祝福你們和你們所愛的家人平安喜樂。

再後記

我想分享的故事

原本以為寫到上面最後一段應該就可以告一段落了，但想想後，最近有些新的體悟，遂再次絮語。

除夕的寒流太猛烈，讓我除了返家和預定的行程之外，都在家裡增筆修稿。對，就是同學們你們現在正在看的這部散文集。

按部就班地依序去進行，想來應該可以照著既定計畫，寫完最後三篇新的個案故事，並修完所有篇章就能告一段落了；但我卻在修稿時卡關。

怎麼都是些悲傷的故事？

我努力回想，有沒有好笑的事情啊？或是溫馨的故事啊？希望能給這部散文多方面的觀點。

我不希望這是一本讓同學們從頭哭到尾的書。

儘管有些故事讓我至今依舊熱淚盈眶，得停筆一段時間才能繼續打字。親近的人離去就是那麼悲傷的一件事情。

但是，我們可以選擇想要記住什麼。

思來想去，決定分享我那倒楣但又溫馨的開工日吧。

年假結束，開工日那天，猝不及防地聽到個案心肌梗塞過世的噩耗，我著實心驚了一把。再加上早上五點半就起來上班，可能有點恍神，不小心踩到另一位個案家院子凹洞而扭傷腳踝。

那天的工作是陪洗腎爺爺去醫院，所以儘管拐傷腳了，我依舊掰咖地騎車去醫院，送爺爺去洗腎室。

以往，我總是配合著腿腳虛弱的洗腎爺爺慢慢走，但這天因為掰咖，我們的步調一致了。

洗腎爺爺依照慣例一步一喘地緩步慢行。

而我則是忍著左腳踝的脹痛，以盡量不會太痛的施力姿勢，小心翼翼地落腳。

還沒走到電梯，爺爺突然停下來，我以為是他的褲子又掉了——爺爺堅持只穿西裝褲，但因為手沒力，有時皮帶繫不緊就會掉下來，但他又不讓任何人幫忙，所以只能協助看護。

「爺爺，是不是要我幫你拿拐杖？」

對的，洗腎爺爺是雙刀流，他不喜歡四腳助行器和輪椅，所以都拿兩支拐杖。如果要繫褲子，就必須幫他拿好拐杖，爺爺才方便空出手來重新穿好褲子。

我看了一下他的褲腰帶，好好地繫在腰上，沒滑下來。

「我借妳一把吧？」

「啊？」我沒聽懂。

「拐杖啊！有一支比較好走。」

語畢，爺爺將左手的拐杖遞給我。

一股受寵若驚的感覺湧上，原來爺爺注意到我扭傷腳了。頓時，滿腦子想著等一下爺爺躺上床，護理師上針，他開始洗腎，我也打卡下班後，就要衝去中醫診所針灸的我，被爺爺的體貼給溫暖了。

「爺爺，謝謝你。我沒有很痛啦！這樣走還ＯＫ。」我露出大大的笑容。

爺爺有些混濁的雙眼上上下下地看了我一下，點點頭，沒再說些什麼，繼續費力地朝電梯前進。

將來無論如何，我都不會忘記他在這一刻的心意。

他明知道自己比我更需要拐杖，可能也曉得我百分之百會婉拒，依舊開口提問了。同時，並未因被我拒絕而失望或惱羞成怒。

我們互相尊重對方的自由意志，彼此陪伴同行一段時間，這樣就夠了。

不是所有故事都有美好結局。

有的時候，沒有結局也很美好。

如同這吉光片羽般的小小溫馨時刻，已化為動力，支持著我繼續從事這一行。

這也是我想記住並分享給大家的真實故事。

希望大家看到這裡，都能露出微笑。

為自己，也為愛你的人。

【作者簡介】

雲柱

照顧者資歷十一年五個月。

照顧服務員資歷三年兩個月，

民國一一二年考取照顧服務員單一級證照。

熱衷在轉班途中探訪在地美食。

最近接了一個新案，在她家附近找停車位時忽然聞到現煮豆漿香，

意外解鎖鹹豆漿初體驗，成為鹹豆漿粉絲。

希望有天能嚐嚐看傳說中的阜杭豆漿。

時不時會在 Threads 上分享長照小故事：

https://www.threads.net/@mimicloudpillar

居服員，來了！: 我來幫你填補這個家的照護空白/雲柱 著. -- 初版. -- 臺北市 : 時報文化出版企業股份有限公司, 2025.03
256面 ; 14.8X21公分
ISBN 978-626-419-280-4(平裝)

1.CST: 居家照護服務 2.CST: 照護服務員 3.CST: 健康照護

429.5 1140019234

ISBN：978-626-419-280-4
Printed in Taiwan

VIEW 153

居服員，來了！

我來幫你填補這個家的照護空白

作者 雲柱 ｜**主編** 尹蘊雯｜ **責任編輯** 王瓊苹｜ **責任企劃** 吳美瑤｜**封面設計** Dinner Illustration｜ **內頁排版** 芯澤有限公司｜**副總編輯** 邱憶伶｜**董事長** 趙政岷｜**出版者** 時報文化出版企業股份有限公司 108019 臺北市和平西路三段240 號 3 樓 發行專線—（02）2306-6842 讀者服務專線—0800-231-705．（02）2304-7103 讀者服務傳真—（02）2304-6858 郵撥—19344724 時報文化出版公司 信箱—10899臺北華江橋郵局第 99 信箱 時報悅讀網—www.readingtimes.com.tw 電子郵件信箱—newlife@readingtimes.com.tw ｜ **法律顧問** 理律法律事務所 陳長文律師、李念祖律師｜**印刷** 勁達印刷有限公司 ｜ **初版一刷** 2025年 3月14 日 ｜ **定價** 新臺幣380 元 ｜（缺頁或破損的書，請寄回更換）

時報文化出版公司成立於 1975 年，1999 年股票上櫃公開發行，2008 年脫離中時集團非屬旺中，以「尊重智慧與創意的文化事業」為信念。